水工结构多尺度渗透溶蚀模拟
——混凝土材料、模型及方法

韩迅　李皓　傅兆庆　徐菲　著

中国建筑工业出版社

图书在版编目（CIP）数据

水工结构多尺度渗透溶蚀模拟：混凝土材料、模型
及方法 / 韩迅等著. — 北京：中国建筑工业出版社，
2024.6
ISBN 978-7-112-29859-4

Ⅰ. ①水… Ⅱ. ①韩… Ⅲ. ①水工结构－混凝土－建
筑材料－腐蚀试验－模拟方法 Ⅳ. ①TV33

中国国家版本馆 CIP 数据核字（2024）第 101843 号

本书的研究领域属于水工结构多孔介质渗透输运基本理论与应用。针对水工混凝土结构宏观尺度的开
裂和溶蚀病害，从多尺度角度研究这一典型多孔材料微观、细观损伤发展的过程，建立其与宏观性能演化
间的联系，有助于从本质上分析和预测水工混凝土结构的长期运行特性。本书系统阐述水工混凝土的渗透
溶蚀模拟，涉及渗透溶蚀基本理论、三维多尺度分析、渗吸模型、LBM 计算模型以及渗透溶蚀过程实现
与算例验证，给出了从微观到宏观的水分渗透与材料溶蚀的递进分析理论与方法，从中可以发现多尺度数
值模拟方法在水工混凝土结构长期耐久性和安全性分析方面的创新应用。

本书适合土木、水利、交通、能源、建筑等行业及相关领域的科研、工程、设计人员以及高等院校师
生阅读、参考。

责任编辑：辛海丽
文字编辑：王磊
责任校对：赵力

水工结构多尺度渗透溶蚀模拟
——混凝土材料、模型及方法

韩迅　李皓　傅兆庆　徐菲　著

*

中国建筑工业出版社出版、发行（北京海淀三里河路 9 号）
各地新华书店、建筑书店经销
北京红光制版公司制版
廊坊市海涛印刷有限公司印刷

*

开本：787 毫米×1092 毫米　1/16　印张：9½　字数：214 千字
2024 年 5 月第一版　2024 年 5 月第一次印刷
定价：49.00 元
ISBN 978-7-112-29859-4
（42819）

我国建有数量众多的水利工程，在防御洪水灾害、高效利用水资源等中发挥了重要作用。水工混凝土作为大坝、水闸、堤防、渠道等典型水利工程的重要建筑材料，是一种多尺度非均质复合材料，受设计水平、施工质量、运行环境及材料老化等因素的综合影响，易出现开裂、溶蚀等病害问题，破坏结构的整体性，进而导致结构渗控效能的衰退甚至失效，给工程安全带来隐患甚至引发严重事故。材料和结构特点决定了水工混凝土的破坏与失事往往与其渗透溶蚀问题存在直接或间接联系，渗控措施的合理选取和可靠工作关乎结构的整体安全，因此其渗透和溶蚀过程一直是水利工程性能提升与安全保障领域中关注的重要课题。

水工混凝土渗透溶蚀性能与结构特性在不同尺度下存在明显的差异，本书基于水工混凝土三维多尺度结构，从微观、细观和宏观角度建立模型，从水分渗透、离子溶蚀、结构损伤等角度阐述了相关本构模型和模拟方法，并结合具体案例进行应用介绍，希望能为类似工程的设计、建设和运维提供参考。

本书共分为6章，第1章绪论主要介绍水工混凝土渗透溶蚀背景和多尺度数值模型的基本情况，内容包括多尺度结构、数值模型构建、渗透模型等。第2章阐述三维多尺度分析方法，内容包括尺度划分方法和标准、黏粒模型构建、细观和宏观砂浆模型重构等。第3章和第4章分别介绍了水工混凝土的无压和有压渗透模型，内容包括多孔介质中的滑移效应和界面层效应分析。第5章介绍了基于LBM方法的溶蚀模型构建和模拟分析，内容包括对流-扩散过程和物-化耦合过程等。第6章针对溶蚀对结构的影响开展了工程算例的分析。本书第1、2、3、4章主要由韩迅负责编写，李皓参与了第2、5章的编写，傅兆庆参与了第1、6章的编写，徐菲参与了第1章的编写和格式修改。全书由韩迅组织、修改并定稿。

本书的出版得到了南京水利科学研究院出版基金的支持，谨致以衷心的感谢。本书部分研究还得到了国家重点研发计划（项目编号：2021YFB2600700）、国家自然科学基金（项目编号：52309161）、江苏省自然科学基金（项目编号：BK20230120）的资助。限于作者水平，书中难免有疏漏之处，敬请各位读者不吝指正。

作者
2024 年 3 月

CONTENTS

目　录

第 1 章

绪　论

1.1 水工混凝土渗透溶蚀病害及其影响

1. 混凝土材料的溶蚀机理和溶蚀特性

混凝土材料的溶蚀，是一个微观影响宏观、量变引起质变的过程。法国学者 Berner 首先对自然水溶蚀作用下的钙离子流失问题进行了研究，指出氢氧化钙（Calcium Hydroxide，CH）的溶出与水泥孔隙液中钙离子的浓度变化存在直接的联系。在此之后，Adenot 等和 Gérard 等分别证实了固相水化物和孔隙溶液之间的钙离子局部化学平衡关系。Faucon 等研究表明，溶蚀实质上是溶解和扩散这两种机制对材料的耦合作用，是水泥基材料在渗流作用下产生的一种本质性的病害。当材料孔隙溶液中的钙离子浓度小于其饱和浓度时，材料中的固相钙将溶解至孔隙溶液中，之后在材料内部和外部溶液钙离子浓度梯度的驱动下，孔隙溶液中的钙离子将发生扩散，导致固相钙的进一步溶解流失，溶蚀过程的主要化学反应方程式为：

$$Ca(OH)_2 \rightleftharpoons Ca^{2+} + 2OH^- \tag{1.1.1}$$

$$C\text{-}S\text{-}H \rightleftharpoons Ca^{2+} + 2OH^- + SiO_2 \tag{1.1.2}$$

混凝土材料的溶蚀可分为三个阶段，在第一阶段，CH 为主要溶解物质；当 CH 完全溶解后，溶蚀进入第二阶段，此时水化硅酸钙（Calcium-Silicate-Hydrate，C-S-H）为溶蚀的主要物质；当溶蚀进入第三阶段时，C-S-H 已基本溶解，剩余高硅酸水化物。从空间角度来看，混凝土材料的溶蚀，是一种由表及里的侵蚀过程。随着溶蚀的进行，混凝土 CH 的溶出范围将逐渐由结构表层向内部区域发展，相应的溶蚀面会呈现出差异明显的两个区域：溶蚀区和未溶蚀区。两个区域的界限一般被称为 CH 的溶解锋，而结构表面至 CH 溶解锋的距离则被定义为溶蚀深度。事实上，由于水化产物溶解性的不同，混凝土的溶蚀面会有多个溶解锋，如图 1.1.1 所示，可分为 4 个区域：1 区，完整区域；2 区，CH 部分溶解、C-S-H 未溶解区域；3 区，CH 完全溶解、C-S-H 部分溶解区域；4 区，CH 与 C-S-H 均完全溶解区域。基于前述溶蚀深度的定义，LeBellégo 分别使用酚酞和二次离子质谱法（SIMS）测量了水泥石的溶蚀深度，结果显示试件的溶蚀深度与溶蚀时间的平方

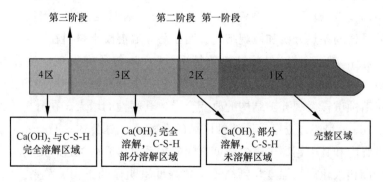

图 1.1.1 溶蚀区域划分

根线性相关，可用描述扩散现象的菲克定律（Fick's Law）来描述。

混凝土溶蚀过程受材料内部和外部多种因素的影响。李金玉等对不同配合比的水泥试样进行溶蚀试验，通过分析试样溶蚀前后的微观、细观测试结果，发现水灰比、水泥品种以及掺和料的变化对混凝土材料的抗溶蚀性能有着明显的影响，水灰比越大，材料密实性越差，相应的抗溶蚀性能越低。Bentz 等研究表明，孔隙特征的变化会改变材料局部的传递特性，孔隙率以及孔隙连通率与水泥基材料的抗溶蚀性能均呈负相关关系。对于普通硅酸盐水泥，当其毛细孔隙率高于渗流阈值 0.17 时，材料的渗透与扩散性能主要由毛细孔隙控制；当毛细孔隙率低于该阈值时，材料的渗透与扩散性能将明显降低，且主要由 C-S-H 等胶凝多孔基质控制。Bernard 等针对混凝土结构裂缝加速结构服役性能衰减的现象，研究了裂缝对溶蚀扩散的影响，分析认为裂缝是溶蚀扩散的优先通道，开裂后混凝土微观结构的扩散性能较开裂前增加了数倍。因此，降低水灰比以及减少毛细孔隙率和初始裂缝分布是控制混凝土材料溶蚀的重要手段。

除上述内部因素外，混凝土的溶蚀还受到环境水质、水压、水力梯度、应力状况等外部因素的影响。在混凝土防渗墙的工作环境中，影响溶蚀的水质因素主要是环境水的软硬程度和 pH 值。软水中可溶性钙和镁化合物的含量较少，更易引起混凝土中氢氧化钙和水化硅酸钙的溶解。而作为一种碱性材料，混凝土在酸性或弱酸性水中会发生酸碱中和反应，这将导致混凝土固相钙的大量流失，进而加剧材料的溶蚀破坏。同时，防渗墙服役时所承受的高水压和水力梯度会使通过混凝土的渗流量增大，进而提高孔隙溶液与外部环境物质交换的能力，强化钙离子扩散过程，而受孔隙水压力的影响，混凝土的应力状态也会产生较大的变化，对材料溶蚀的具体影响，需结合实际应力水平和材料强度综合考虑。混凝土的应力状态会影响其孔隙形态，压应力会使孔隙闭合，封闭部分连通孔隙，抑制溶解与扩散过程；拉应力会使混凝土裂缝张开，连通孔隙通道，加剧材料的溶蚀。目前混凝土渗透溶蚀试验研究大多仅考虑了水力梯度或围压的作用，未能全面地考虑应力、温度、水质等多种因素的共同作用。而在混凝土防渗墙这类水工结构中，多因素作用下的渗透溶蚀现象是普遍存在的，因此有必要对其进行进一步的研究。

2. 溶蚀对混凝土材料性能的影响

混凝土的溶蚀会破坏其微、细观结构，进而对自身的力学和防渗性能造成不利影响。季小兵等在室内模拟条件下，对新疆希尼尔水库的坝基混凝土防渗墙进行了渗透溶蚀试验。溶蚀前后试样的差热分析和微观结构表明，防渗墙混凝土材料在溶蚀的作用下出现了水化产物分解、密实度下降、结构疏松等情况。Carde 等研究发现，随着溶蚀过程的进行，混凝土试件的罚刚度会有明显下降，且强度的损失和孔隙率的增加均与试件的溶蚀程度呈正相关；溶蚀试样微观孔隙结构的改变会导致其塑性的增大。在分析了大量样本的试验数据后，Carde 等最终建立了不同溶蚀区域的孔隙率计算公式。Torrenti 等通过建立固相水化产物的强度和其中钙离子摩尔浓度之间的关系来研究溶蚀过程对材料力学性能的影响，结果显示固相水化产物强度与钙离子摩尔浓度呈明显的正相关关系。LeBellégo 等对水泥基材料进行了化学-力学耦合作用的试验研究，并据此建立了基于损伤力学的本构模型。试验将试件浸入 NH_4NO_3 溶液，并采用位移控制方法分别对不同溶蚀程度下的试件梁施加荷载，直至破坏。试验结果显示，化学-力学耦合作用下试件的强度损失明显大于其在化学溶蚀单独作用下的强度损失。

此外，溶蚀作用会造成混凝土孔隙率的提高，进而导致材料防渗性能的下降。对此，Christensen 等开展了一系列的试验研究，通过测量水化过程中水泥浆体渗透率与孔隙率的关系，初步确定了溶蚀对材料渗透率的影响。Kaushal 等采用不同的室内试验，获得了第 4 周到第 11 年间防渗墙混凝土渗透性的变化情况，结果表明，防渗墙混凝土的渗透系数在前 3 年随时间明显减小，随后基本保持不变。Ekström 采用加压去离子水的方法对致密混凝土样本进行了溶蚀观察试验，发现溶蚀试验中的渗流过程可以分为两个阶段：缓慢渗流和因逾渗路径的破坏而引起的加速渗流。吴福飞等通过对防渗墙塑性混凝土的溶蚀试验发现，随着塑性混凝土的溶蚀老化，其渗透系数经历了先减小、后增大到最终稳定的一个过程。

3. 混凝土溶蚀的数值模拟

钙离子的析出是一个非常缓慢的过程，这导致有关溶蚀试验的研究周期较长。此外，考虑到混凝土溶蚀是一个受众多因素影响的非线性的动力过程，仅依据试验来预测溶蚀老化混凝土的性态和剩余使用寿命实际上是非常困难的。为此，很多学者基于不同的理论提出了多种关于溶蚀定量分析的模型，并采用数值方法对材料溶蚀过程进行了模拟分析。

1996 年，Gérard 等综合考虑孔隙溶液和不同水化相间的热动力平衡，率先提出了关于混凝土溶蚀老化的数值模型。在此之后，Faucon 等、Torrenti 等对该混凝土接触溶蚀数学模型进行了发展和完善。该模型做了如下假定：①固相水化产物被溶蚀的过程受局部化学平衡的控制；②只考虑钙离子在混凝土中的扩散过程，溶解过程由于时间较短不予考虑；③溶出的钙离子不再和其他水化产物反应。基于这些假定和质量守恒定律，可以得到钙离子溶蚀过程的控制方程，再结合给定的初始条件和边界条件，即可计算任一时间点混凝土试样的钙离子溶出量及溶蚀深度。LeBellégo 通过试验数据验证了该模型的正确性。但是，由于未考虑混凝土溶蚀破坏过程中水流的渗透作用，该模型在实际应用中仍具有一定的局限性，仅适用于混凝土中各组分分布比较均匀且水流交替缓慢的溶蚀过程。此外，由于未考虑水化产物溶解的不可逆性，该模型也不能用来计算循环化学溶蚀过程。针对上述问题，Gérard 等在该模型的基础上，建立了可描述 NH_4NO_3 溶液中试件加速溶蚀过程的模型，并通过试验对其进行了验证。Kuhl 等则考虑了孔隙溶液中钙离子初始浓度的影响，将孔隙溶液中钙离子的摩尔浓度和位移矢量用作溶蚀计算问题的主要变量，基于平滑的化学平衡曲线建立了描述渗透与溶蚀相互作用的宏观耦合模型，并提出了相应的数值实现方法，但由于未考虑对流的传递性，该模型的应用范围仍受到一定的限制。

1.2 水工混凝土渗透溶蚀多尺度数值分析方法

混凝土防渗墙工程中最常用的材料是黏土混凝土和塑性混凝土，均为普通混凝土基础上改良后的混凝土类材料，本质上为具有复杂结构的多孔介质，是典型的多尺度非均质复合材料，其性能与结构特性在不同尺度下存在明显的差异。探究混凝土的尺度划分和各尺度间的关系，对深化混凝土类材料性能的认知有着重要的意义。

1.2.1 混凝土材料的尺度划分

在对混凝土材料进行多尺度数值分析前，需首先将其划分为若干个特征尺度范围，之后在这些范围内找出研究对象，将复杂的混凝土材料变为不同尺度下的等效均质材料来考虑。

Wittmann 于 1983 年首次提出将混凝土材料划分为宏观尺度（Macro Scale）、细观尺度（Meso Scale）与微观尺度（Micro Scale）进行研究。近年来，随着试验和仿真方法的进步，混凝土在纳观尺度下的水化过程、结构特征也受到了越来越多的关注。F. J. Ulm 等在 Wittmann 研究成果的基础上，基于水泥基材料的多尺度特征将混凝土材料划分为如图 1.2.1 所示四个尺度：混凝土宏观尺度（Macro Scale）、砂浆细观尺度（Meso Scale）、C-S-H 基质微观尺度（Micro Scale）和 C-S-H 晶体纳观尺度（Nano Scale）。

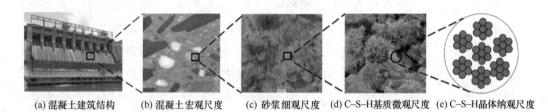

(a) 混凝土建筑结构　(b) 混凝土宏观尺度　(c) 砂浆细观尺度　(d) C–S–H基质微观尺度　(e) C–S–H晶体纳观尺度

图 1.2.1　混凝土的多尺度划分

1. 宏观尺度

宏观尺度下，混凝土被视作一种均质、各向同性的材料，硬化形成各种混凝土构件与建筑物，如图 1.2.1 (b) 所示。通常认为，混凝土宏观尺度的特征体积为最大骨料体积的 3～4 倍。

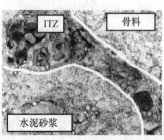

图 1.2.2　ITZ 电镜扫描图片

2. 细观尺度

细观尺度下，混凝土主要被视作由粗骨料、硬化水泥砂浆、孔隙和界面过渡区（Interfacial Transition Zone，ITZ）组成的多相复合材料，如图 1.2.1 (c) 所示。其中，界面过渡区（ITZ）与水泥砂浆的成分相似，但孔隙含量更高，如图 1.2.2 所示，是混凝土材料的薄弱环节。混凝土材料的非均质性主要是由细观尺度下混凝土的非均匀性结构所引起的。该尺度下研究的重点是骨料、水泥砂浆、孔隙和界面过渡区（ITZ）的结构特性以及它们之间的相互作用。

3. 微观尺度

微观尺度下，混凝土主要由水化硅酸钙（C-S-H）、氢氧化钙（CH）、钙矾石等水化产物胶结而成，如图 1.2.1 (d) 所示。研究的重点主要是水泥水化过程以及微观结构的模拟。

4. 纳观尺度

纳观尺度是现代测量技术所能达到的最小空间尺度。该尺度下混凝土的研究重点主要是水化硅酸钙（C-S-H）的纳观结构特性，如图 1.2.1 (e) 所示。目前纳观尺度下混凝土材料的结构特性研究尚处于萌芽阶段，还未形成完备的理论体系。

混凝土材料的特征尺度范围划分完成后，需基于均质理论确定各尺度下各物质的表征体元（Representative Volume Elementary，RVE），并对表征体元进行研究以获取相应的结构物理性质。表征体元的尺寸可通过分析样本物理性能的波动范围来选择。

1.2.2　混凝土材料各尺度数值模型的构建

混凝土在宏观尺度被视作等效均质材料，通常直接对其进行网格剖分，并基于混凝土损伤本构模型，模拟材料的非线性力学行为，基于达西定律描述其渗透特性。

混凝土细观尺度是连接微观尺度与宏观尺度的桥梁，构建细观尺度模型时，必须有效区分骨料、水泥砂浆和界面过渡区的分布情况。国内外学者已提出多种细观数值模型，如随机骨料模型、格构模型、M-H（Mohamed-Hansen）模型等。随机骨料模型最早由 Zaitsev 和 Wittmann 提出，国内高政国和刘光延首先开发了混凝土凸多边形随机骨料投放算法，此后孙国立、马怀发等先后对圆形、椭圆形骨料的随机投放进行了研究。在随机骨料模型构建前，需要先按 Fuller 骨料级配曲线确定骨料尺寸与颗粒数，之后通过 Monte Carlo 法将骨料颗粒随机投放至材料的细观尺度模型中，最终通过模型的单元剖分和单元类型划分表征混凝土细观尺度的三相结构，如图 1.2.3 (a) 所示。基于该模型，马怀发等、Leite 等、Stenfan 等、Wriggers 等、杜修力等对混凝土试件的拉伸、压缩、剪切等宏观力学特性进行了数值模拟，并取得了较好的计算效果。格构模型是以物理学为基础发展而来的网格模型，该模型将细观尺度下的连续介质离散成由弹性杆联结而成的格构系统，如图 1.2.3 (b) 所示。Schlangen 等最先将其应用于混凝土的断裂破坏模拟研究中，Ince 等和 Van Mier 等基于格构模型模拟分析了混凝土强度的尺寸效应，Yip 等和 Van Mier 等先后采用格构模型对混凝土试件的断裂破坏过程进行了数值模拟，获得了较为理想的计算结果。但是，该模型忽略了较小颗粒的影响，同时计算效率也较低，一定程度上限制了其在实际工程中的应用。M-H 模型由 Mohamed 和 Hansen 提出，该模型考虑了混凝土细观尺度下各物相空间分布和力学性质的随机性，并据此引入断裂能的概念，采用弥散裂纹模型来描述材料的受拉破坏过程，如图 1.2.3 (c) 所示。M-H 模型在模拟混凝土单轴拉伸、单轴压缩和四点剪切等试验时可获得较为满意的结果，但对于多轴状态下混凝土的力学响应，目前鲜有报道。

混凝土在微观尺度下的研究主要着眼于水泥石的各种水化学反应。在过去的 50 年里，水泥水化模拟研究已取得了明显的进展，从最初的单颗粒模型、成核增长模型到计算机模拟的 HymoStruc 模型、CEMHYD3D 模型、HydratiCA 模型，这些进展主要表现在对水

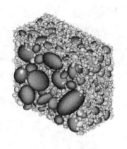
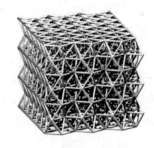
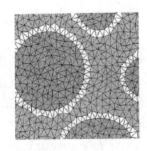

(a) 随机骨料模型　　　　　　　(b) 格构模型　　　　　　　(c) M-H模型

图 1.2.3　常见细观数值模型

化过程中材料溶解、成核、扩散、生长等物理化学性能的认识。微观水化模型可以模拟验证各种水化机理的假设并探研各种化学添加物对材料性能的影响。此外，水化模型也是微观尺度下进行混凝土溶蚀分析的基础。Bentz 等的研究表明，溶蚀在某种程度上可视作水化反应的逆过程。胡江利用水化模型生成混凝土微观模型，在此基础上通过杀死模型中部分水化物相单元和修改相关单元物理参数的方式，实现了对溶蚀混凝土微观孔隙结构以及宏观力学性能的有效模拟。

混凝土在纳观尺度下的研究主要着眼于水泥水化产物的分子结构与晶体结构。目前纳观尺度模型研究尚处于起步阶段，模型的构建一般是基于分子动力学，建立分子的运动方程来完成的。

1.2.3　混凝土材料的多尺度均匀化方法

作为一种典型的复合材料，混凝土各尺度之间是互相联系的，其在一个尺度下的结构特性通常可由更低一级尺度下的均匀化计算获得。

1. 解析均匀化方法

比较经典的解析均匀化方法主要有两类，一类是基于变分原理的统计均匀化方法，如 Voigt 方法和 Reuss 方法；另一类是基于 Eshelby 夹杂问题解的平均场方法，如 Mori-Tanaka 方法、自洽法和广义自洽法等。

Voigt 方法采用并联模型，假定在荷载作用下，各组成物相的变形相同，均等于复合体的平均应变。Reuss 方法则采用串联模型，假定在荷载作用下，各组成物相的应力相同，均等于复合体的平均应力。Hill 采用能量理论证明，Voigt 和 Reuss 近似给出了复合材料均匀化弹性特性的上限和下限。在无精确解的情况下，这两种方法可以提供复合材料相关性能的可能范围。

Voigt 方法和 Reuss 方法并未考虑复合材料内各物相的空间分布以及它们之间的相互作用，因此其实际计算精度并不理想。为了解决这一问题，相关学者基于 Eshelby 经典椭球夹杂体问题的解，提出了考虑微细观尺度拓扑结构、夹杂形状、方向以及物相分布的 Mori-Tanaka 方法、自洽法和广义自洽法。Mori-Tanaka 方法假定多物相复合材料为基质-夹杂物构型，并引入基质平均应力的概念，假设基质和夹杂均嵌于参考介质中，参考介质所受到的远处应变并不是由外部施加的，而是参考介质自身的平均应变，解决了有限体积分数下多相复合材料有效性能的估算问题。Mori-Tanaka 方法由于能够给出复合材料有效性质的简单显式表达式，计算方便，因此得到了较为广泛的应用。自洽方法最早被Fritsche 等用于多晶体材料性质的研究。之后，Baddoo 等进一步发展了该方法，并将其用于复合材料的弹性模量研究。自洽方法平等地对待所有物相，将待求的多相复合材料作为基质，并将夹杂物相放置于该基质中，从而建立材料性质的局部化关系，较为全面地考虑了各夹杂物相与基质及其他夹杂物相间的相互作用。但是，当夹杂物相体积百分比过大时，利用该方法得到的有效弹性模量值与实际结果间会产生较大偏差；特别当夹杂物相与基质的性质相差较大时，这种偏差会更加显著，甚至导致解的不收敛。为此，相关学者在自洽法基础上进一步提出了广义自洽法。广义自洽法认为夹杂周围存在一层基质，夹杂与该基质共同组成了一个简单的构型，通过将该构型置于待求复合材料的基质中可实现材料性质局部化关系的建立。由于该方法能够反映夹杂和基质的局部结构特征，其相应的计算结果会比较精确。但是，考虑到最终得到的有效弹性模量无法用显示形式表达，广义自洽法的求解过程将会比较复杂，这在很大程度上限制了其在复合材料均匀化计算中的应用。

2. 数值均匀化方法

除了上述典型的解析均匀化方法，随着计算机技术的发展和数值计算水平的提高，数值均匀化方法由于其对材料复杂力学行为强大的计算能力以及对各尺度拓扑结构的精确描述，逐渐受到研究人员的重视并得到较快发展。数值均匀化方法假定组成表征体元的各物相各向同性，在此基础上，通过数值计算，寻找在均匀边界条件下与表征体元整体静力平衡等效的均匀化响应，从而获得表征体元的整体等效性能。在复合材料的多尺度研究中，数值均匀化方法通过对低尺度表征体元的数值均匀化计算来求解高尺度下材料的等效性能，这与解析均匀化方法的计算思路一致。

1.2.4　非饱和流模拟方法

多孔介质中的非饱和流一般采用拓展达西定律：

$$q = -K(\theta)\,\nabla P(\theta) \tag{1.2.1}$$

式中，q 为流体通量；$K(\theta)$ 为非饱和渗透系数；P 为压强；θ 为含水量；∇ 为 Nabla 算子，$\nabla = \left(\dfrac{\partial}{\partial x},\ \dfrac{\partial}{\partial y},\ \dfrac{\partial}{\partial z} \right)$。

式（1.2.1）将达西定律中的渗透系数从常数演变为含水量的函数。将其与连续方程联立可以得到 Richards 方程，包含两种形式：

$$\frac{\partial \theta}{\partial t} = \nabla \cdot \left[K(\theta)\,\nabla P \right] \tag{1.2.2}$$

$$\frac{\partial \theta}{\partial t} = \nabla \cdot \left[D(\theta)\,\nabla \theta \right] \tag{1.2.3}$$

式中，$D(\theta)$ 为水力扩散系数，和渗透系数 $K(\theta)$ 满足以下关系：

$$D(\theta) = K(\theta) \frac{\mathrm{d}P}{\mathrm{d}\theta} \tag{1.2.4}$$

Richards 方程被广泛地用于多孔介质中的非饱和流研究，式（1.2.2）和式（1.2.3）两种形式通过水压梯度相互转化，因此，模拟非饱和流的核心问题是如何计算渗透系数 K 或者水力扩散系数 D，表 1.2.1 给出了代表性的计算公式。

渗透系数和水力扩散系数代表性计算方法　　　　　表 1.2.1

采用模型	建模方法	学者
$D(\theta) = D_0 \cdot e^{n\theta}$	格子网络 (Lattice Network)	Wang 等 Abyaneh 等
$D(\theta) = D_0 \cdot e^{n\theta}$	有限元（FEM）	Belleghem 等
$K = K_{rw} K_s$ (VGM Model)	格子网络 (Lattice Network)	Grassl 等
$K = K_{rw} K_s$ (Mualem Model)	有限元（FEM）	Smyl 等

由表 1.2.1 可见，对于水力扩散系数模型而言，它不需要知道多孔介质中毛细压力水头和渗透系数。一种经常使用的方式是采用渗吸试验获得吸水率 S_p，利用下式计算表观扩散系数 D_0 值：

$$S_p^2 = \frac{D_0 \left[e^n(2n-1) - n + 1 \right]}{n^2} (\theta_s - \theta_i) \tag{1.2.5}$$

式中，n 值为状态参数，可以取 $6 \sim 8$ 之间的常数；θ_s 和 θ_i 分别为饱和含水量和初始含水量，进而可以将 D 值表达成含水量的指数函数，通过格子网络或有限元等方法计算水分传输过程，该方法优点是表达式简洁，然而对于 D_0 值并无统一公式表达，每次都需要渗吸试验来确定，且 n 值也需要调整以面对不同的试件。

第二种常用方法是采用渗透系数模型，一般将其表达为相对渗透系数 K_{rw} 和饱和渗透系数 K_s 的乘积，与 D 的计算类似，其中 K_s 以及 K_{rw} 中的参数需要通过试验或者调参才能确定。

1.2.5　水力扩散系数模型

如上所述，一种快速估计水泥基材料渗吸能力的方法是采用水力扩散系数 D，该值通常可以表示为指数函数的形式：

$$D(\theta) = D_0 e^{n\theta} \tag{1.2.6}$$

或者幂函数的形式：

$$D(\theta) = D_0 \theta^n \tag{1.2.7}$$

或者多项式的形式：

$$D(\theta) = D_0 (1 - n\theta)^{-1} \tag{1.2.8}$$

式中，n 为形状函数，该值和结构初始状态有关。

最为常用的为式（1.2.6），该式为式（1.2.5）的推导基础，因此两式中的 n 值相同。n 实际代表了结构孔隙的大小、孔径分布以及含水状态的共同作用效果，本质上是一个经验参数，该经验参数在大部分混凝土结构中取 $6\sim8$ 作为参考值，一方面反映了混凝土结构在微观结构分布上的统一性；另一方面，也说明了混凝土结构的复杂性，对于水力扩散系数的研究实际上是围绕着 n 值的精细表达来进行的，确定 n 值背后的物理表征是研究的难点之一。

1.2.6　渗透系数模型

由于水力扩散系数模型和渗透系数模型的等价性，本研究进一步对渗透系数模型进行总结，并在此基础上进一步研究。对于渗透系数模型，学者们提出了不同含水量情况下的渗透系数公式如下：

Fatt 和 Klinoff 模型：

$$K_{rw} = S^3 \tag{1.2.9}$$

Corey 模型：

$$K_{rw} = \left(\frac{S-0.05}{1-0.05}\right)^4 \tag{1.2.10}$$

Brooks-Corey 模型：

$$K_{rw} = S^{(3+2/\lambda)} \tag{1.2.11}$$

VGM 模型：

$$K_{rw} = S^\beta \left[1-(1-S^{1/m})^m\right]^2 \tag{1.2.12}$$

Zhou 模型：

$$K_{rw} = \frac{1}{\alpha}S^{n+1}(\alpha S - S + 1) \tag{1.2.13}$$

DuCOM 模型：

$$K_{rw} = \left(\int_0^{r_c} r\mathrm{d}V\right)^2 / \left(\int_0^\infty r\mathrm{d}V\right)^2 \tag{1.2.14}$$

式中，S 为含水饱和度；λ、β、m 和 α 为拟合参数；r_c、r 和 V 为结构参数。

可以看到，以上模型将相对渗透系数 K_{rw} 表示成饱和度的函数，形式多样，其中式（1.2.9）最为简单，相对渗透系数等于饱和度的 3 次方，该相对渗透系数的形式被很多学者推荐或采用。式（1.2.10）中，学者 Corey 等和学者 Maréchal 等采用了有效饱和度的 4 次方，并假定恒定初始饱和度为 0.05。另一个被广泛使用的模型为式（1.2.12）VGM 模型，其中 β 用于表征孔隙连通度和曲折度，对于一般孔多孔材料该值可以取为 0.5，对于混凝土材料而言，β 值可以取为 5.5；m 值用于表征材料饱和度和孔隙压力之间的关系，混凝土中可以取为 0.5。学者 Zhou 从水力传输系数出发推导了非饱和渗透系数的公式（1.2.13），式中的 α 和 n 值可以通过对渗吸试验得到的水力扩散系数拟合得到。学者 Maekawa 等给出了基于孔隙分布函数和水分饱和状态的 DuCOM 渗透系数模型，该模型在模拟水蒸气边界条件下水泥基材料中的水分传输的过程中是有效的。

总体而言，学者们的研究思路是认为渗透系数随着饱和度或者含水量的增加而增大，因此只需确定水量和相对渗透系数之间的函数关系。图 1.2.4 给出了以上几种经典模型模拟渗透过程的计算结果，可以发现和试验值差别较大。

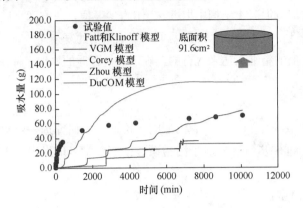

图 1.2.4 参考模型的吸水模拟结果

Fatt 和 Klinoff 模型结果显示在吸水的一开始，吸水速率极快，导致试件很快达到饱和；相比之下，VGM 模型和 Corey 模型结果在刚开始时的速率很小，在大约 3000min 后速率突然增加；随后，速率又急剧减小，整体呈现出比较缓慢的吸水速率。这是因为 K_{rw} 值在 S 值增大为 1 时，达到最大值，而当 S 值小于 1 时，K_{rw} 值很小导致的。以上三个模型显然不符合试验结果，而且后两个模型更会带来数值上的不稳定。Zhou 模型和 DuCOM 模型的结果基本反映了吸水过程的真实趋势，两者的吸水速率几乎保持恒定，并逐渐接近饱和状态。

这些模型在用于水蒸气的传输时是有效的，然而在面对吸水过程时，却产生不同的结果。这可能是由于水泥基材料中复杂的孔隙结构以及水分性质及其和孔隙材料之间的相互作用导致的，因此以上模型对于模拟实时吸水过程的方面还有提升的空间，需要进一步开发凝结水（液态水）的渗透模型，而其关键在于如何模拟初始时的快速吸水过程。在接近吸水表面附近的区域，由于饱和度的快速改变，孔隙中的水分实际上并不处于热力学平衡态，这就是图 1.2.4 中计算吸水率和试验值差别较大的根本原因。本研究将提出新的渗透模型来量化水分偏离热力学平衡态的现象。

水工混凝土材料三维多尺度分析

2.1　水工混凝土的三维多尺度划分标准

基于水工混凝土各组成物相的尺度特征，确定统一的材料尺度分离标准，并选用合适的尺度来研究相应的物相组构特性，是进行多尺度分析的首要条件。

2.1.1　复合材料表征体元

表征体元（Representative Volume Elementary，RVE）是复合材料多尺度建模的基础，其采用一定范围内的平均值等效替代局部真值，是能够准确表征平均本构关系的最小体积单元模型。典型的表征体元结构如图 2.1.1 所示。图 2.1.1 中，$\Omega(x)$ 为 RVE 的体积，L 为高尺度结构的特征尺寸，l 为表征体元的尺寸，d 为表征体元内非均匀物相组分的特征尺寸。

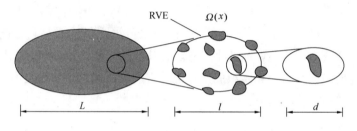

图 2.1.1　表征体元示意图

为了实现有效的多尺度建模，表征体元应同时具备代表性和一般性。一方面，表征体元的尺寸 l 应远小于高尺度结构的特征尺寸 L，这样表征体元可视作高尺度结构中的一个物质点，从而满足高尺度下连续介质的基本假定；另一方面，表征体元的尺寸 l 应远大于体元内非均匀物相的尺寸 d，这样表征体元内可包含足够多的低尺度结构信息，从而达到表征局部连续介质统计平均性质的目的。

当表征体元的尺寸满足上述要求时，便可通过对表征体元内微结构的分析来进行复合材料在相应尺度下等效性质的研究。对于具有多尺度特征的材料，高尺度结构表征体元内的组成物相又是低尺度表征体元内所有物相"平均"的结果。因此，可通过低尺度表征体元性质的"平均"，逐步递进计算高尺度表征体元的性质，直至获得宏观尺度下复合材料的平均性质。

2.1.2　素混凝土的尺度划分

Wittmann 在 1987 年即提出将素混凝土材料划分为微观、细观和宏观这三个尺度进行分析，并将各尺度的研究范围定义如下：

1. 微观尺度

研究范围为 $1\sim100\mu m$，该尺度下的主要研究对象为水泥浆固结体，相应的表征体元内主要包含水化硅酸钙（C-S-H）、氢氧化钙晶体（CH）以及未水化的水泥熟料等物相组成，可通过微观水泥表征体元进行表征，如图 2.1.2（a）所示。混凝土材料的强度、刚度、渗透性以及服役性能等物理性质很大程度上是由微观尺度下水泥水化产物的性质所决定的。在该尺度下，国内外学者重点研究了水泥的水化过程，并得到一批较为成熟的水化模型，如 HymoStruc 模型、CEMHYD3D 模型和 HydratiCA 模型，为材料的多尺度分析提供了重要基础。

2. 细观尺度

研究范围为 1~100mm，该尺度下混凝土的特征物相主要包括水泥砂浆、骨料和界面过渡区（ITZ）。其中，水泥砂浆和界面过渡区是水泥和砂共同构成的细观非均匀物相，可采用细观表征体元来进行表征，如图 2.1.2（b）所示。目前，混凝土细观尺度下的研究内容主要包括水泥砂浆的结构性能、骨料颗粒的分布与形状及水泥砂浆与骨料间 ITZ 的性能。

3. 宏观尺度

研究范围为 100mm 以上，相应的最小表征体元尺寸一般为内部最大骨料特征尺寸的 3~4 倍，如图 2.1.2（c）所示。该尺度下，混凝土可被视作均质材料。此时，虽然无法解释材料内部细微结构的特性，却减小了实际计算的工作量。相比于其他尺度的研究，混凝土材料在宏观尺度下的试验和模拟成果是最丰富的。而无论从何种尺度研究，最后的结论都应与混凝土宏观试验的结果相一致。

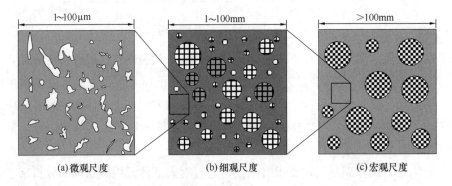

图 2.1.2　混凝土材料的多尺度表征体元尺度分离标准

2.1.3　水工混凝土材料尺度划分

充分考虑水利工程中混凝土防渗墙的主要构筑材料及其特点，结合素混凝土与黏土的尺度划分标准，本书选取黏土混凝土作为水工混凝土材料代表，由此可以按照如下标准划分为微观、细观和宏观三个尺度进行分析研究。

1. 微观尺度（1~100μm）

水工混凝土在微观尺度下的研究对象主要是由黏土与水泥组成的复合材料——黏土水泥固结体。将掺和黏土的水泥试件在标准条件下养护 90d 后，通过扫描电子显微镜的方法获得了不同水灰比和黏土掺量下试件表面的微观形态，如图 2.1.3 所示。从图 2.1.3 中可

以看出，在微观尺度下，黏土颗粒较为均匀地
分布在水泥颗粒水化产生的胶凝态水化物及纤
维状晶体周围，并填充了部分孔隙。

2. 细观尺度（1～100mm）

防渗墙混凝土在细观尺度下的研究对象主
要包括黏土水泥砂浆、骨料以及界面过渡区
（ITZ），其中黏土水泥砂浆是由黏土水泥浆、砂
以及黏土的物理性砂粒组成。

3. 宏观尺度（100mm 以上）

图 2.1.3　黏土水泥表面形态扫描电镜图

防渗墙混凝土在宏观尺度下可被视作连续
均质材料，是微观、细观尺度材料均匀化的结果。

不同尺度下防渗墙混凝土材料所表现出的物理性质不尽相同，但可通过材料均匀化方
法建立起各尺度间的联系。

2.2　水工混凝土三维微观模型重构

2.2.1　水泥的水化

作为防渗墙混凝土的胶粘剂，水泥在加水之后会发生一系列物理化学反应。伴随这些
反应的进行，水泥将具有一定的黏性，从而粘结黏土颗粒、砂、石子等材料并逐渐产生强
度，形成最终的混凝土结构。水泥熟料的主要物相包括硅酸三钙（C_3S）、硅酸二钙
（C_2S）、铝酸三钙（C_3A）、铁铝酸四钙（C_4AF）以及石膏等微量成分。

通常水泥的水化产物按结晶程度可分为两大类：一类是结晶较差、晶粒大小相当于胶
体尺寸（$10^{-8}\sim10^{-6}$m）的硅酸盐凝胶，简称 C-S-H 凝胶。作为最主要的水化产物，C-S-
H 凝胶既是彼此交叉和连生的微晶质，又因处于胶体尺寸范围内而具有胶凝体的特性，
与其他物相粘结良好，在很大程度上影响着水泥石以及混凝土的强度、弹性模量性质。另
一类主要的水化产物结晶较为完整，尺寸也较大，如氢氧化钙（CH）、水化硅酸钙
（C_3A）以及水化硫铝酸钙（AFm）等，其中以 CH 所占比重最大。在水化程度良好的水
泥浆中，CH 所占的体积分数约为 $20\%\sim25\%$。微观尺度下，CH 为嵌入在 C-S-H 凝胶中
的六方片状晶体。CH 能保证水泥浆的碱度，且得益于 C-S-H 的稳定，但同时也是水泥浆
中最易受化学侵蚀的物相成分。

水泥凝结硬化的过程，通常伴随着一系列的物理化学变化。该过程的前期阶段主要受
化学反应控制，C-S-H 等水化产物在水泥熟料表层生长和发展，形成刚性较低的外层水化
膜。在外层水化物扩散过程的约束下，内层水化产物会继续生长，生成具有较高密度和平
均弹性模量的水化产物。随着水化膜的不断增厚，离子扩散逐渐成为控制水化过程中化学
动力行为的关键。同时，随着水化反应持续进行，各水化产物逐渐占据原水体空间。由于

各物相晶体间的相互搭接，特别是纤维状、片状 C-S-H 凝胶的交叉攀附，使原先分散的水泥熟料及水化产物间产生联结并最终实现固相的贯通联结。此时，水泥将从无支配相的高度混乱微观结构形态转变为基质－夹杂物结构形态，在微观尺度下形成一个能承受一定剪切应力的整体结构。

2.2.2　CEMHYD3D 水化模型及其构建

本书采用 Bentz 提出的水化模型 CEMHYD3D（Three-Dimensional Cement Hydration and Microstructure Development Model）来模拟水泥材料的水化过程。CEMHYD3D 是一种离散数字图像系统模型，其基于背散射电子成像（Back Scattered Electron Imaging，BSE）、X 射线（X-ray）或扫描电子显微镜（Scanning Electron Microscope，SEM）得到的大量二维图像来分析获取水泥的矿物分布情况，并将水灰比（W/C）、水泥粒径分布 PSD（Particle Size Distribution，PSD）、各物相体积分数等作为模型的输入参数。在通过离散像素（较小尺寸的体积元）重构初始未水化水泥的三维微观离散结构后，该模型会赋予所有像素一套元胞自动机（Cellular Automata）的规则来模拟水泥溶解、扩散、成核反应的水化过程，获得较为逼真的水泥三维微观结构图，如图 2.2.1 所示。最终，通过控制模型中的水化循环次数，实现对不同水化程度下水泥基材料的物理力学和渗透等特性的定量分析和预测。构建 CEMHYD3D 水化模型的基本流程见图 2.2.2，主要步骤如下：

图 2.2.1　CEMHYD3D 模拟的典型水泥微观结构图

步骤 1：采用 BSE、X-ray 或 SEM 方法遍历初始水泥浆的二维图像。

步骤 2：对原始的图像进行数字化处理，标记出水泥熟料的主要矿物成分，进而对各像素点的物相进行识别。

步骤 3：对数字化标记后水泥图像中所有像素上的矿物成分进行统计分析，获取水泥颗粒的 PSD 和水泥熟料中主要物相的体积分数、表面积分数以及各相自相关函数。

步骤 4：重构水泥浆的初始三维微观结构。根据 PSD、水灰比及各物相的体积分数，在微观尺度下按粒径从大到小的顺序随机投放合适的球形颗粒到模拟空间中，并记录各球形颗粒的位置和体积信息。初始状态下的颗粒只包含水泥和石膏两种。当所有球形颗粒投放完毕后，通过量测像素和颗粒中心点的距离来获取各颗粒中包含的像素信息，从而得到像素化的三维微观结构。

步骤 5：根据水泥熟料各物相的体积分数和相关性，对上一步形成的三维微观结构进行物相划分，也就是将水泥颗粒内的像素点由单水泥物相划分为 C_3S、C_2S、C_3A、C_4AF 等多物相结构，如图 2.2.3 所示。

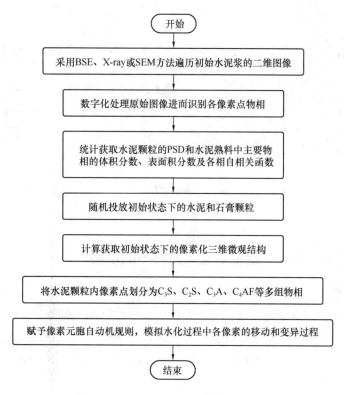

图 2.2.2　CEMHYD3D 建模基本流程

步骤 6：对初始的三维微结构进行水化模拟。赋予像素一套元胞自动机规则：模拟区域内的每一个像素均被视作元胞自动机内的一个元胞，每个元胞可取有限的离散状态并遵从有限的状态演化规则。状态演化规则对应于水化过程中的基本规则，包括溶解规则、扩散规则和反应规则，如图 2.2.4 所示。元胞自动机并不是严格定义的函数或物理方程，其模拟的水泥水化微观结构演化循环，实质上是每一个像素根据其目前的状态与周围像素的状态不断更新的一个马尔科夫

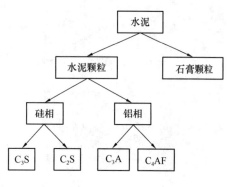

图 2.2.3　水泥熟料的物相划分

过程。关于水泥水化的元胞自动机理论及相应模拟程序的主要流程，可查阅 Bentz 的相关文献。大量元胞基于简单的局部相互作用和状态演化规则，不断更新各像素及其相邻像素上的物相状态，逐步模拟水化反应中各像素的移动和变异过程，最终实现对整个模拟空间内水泥微观结构演化的模拟。

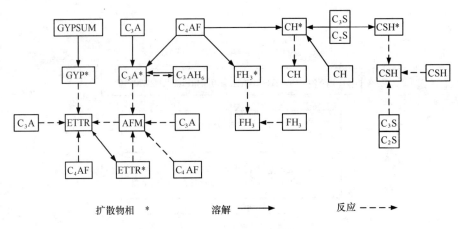

扩散物相　*　　　　　　溶解　——→　　　　　　反应　---→

图 2.2.4　水泥物相转换

2.2.3　水工混凝土微观尺度下黏土水泥模型的重构

水工混凝土微观尺度下的黏土水泥，是黏土颗粒自身吸水膨胀后，与水泥颗粒共同水化运动的结果。本节将在借鉴 CEMHYD3D 水泥水化模型的基础上，通过对水化过程中黏土颗粒膨胀与运动规律的剖析，建立微观尺度下黏土水泥的水化生长模型 CLCEM-HYD3D（Three-Dimensional Clay Cement Hydration and Microstructure Development Model）及其重构方法。

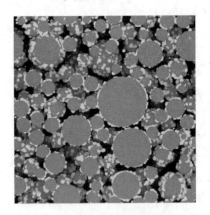

图 2.2.5　初始状态下的黏土水泥球

1. 黏土颗粒的水化

在水工混凝土的制备过程中，常采用湿掺的方法将黏土以黏土浆的形式与水泥浆一起进行拌合。黏土浆是一种疏水溶胶，当其与水泥浆拌合后，粒径明显大于黏粒颗粒的水泥颗粒表面会携带大量正电荷，并产生对黏粒上负电荷的吸引力。此时，黏粒颗粒会吸附在水泥颗粒的表面，形成以水泥颗粒为核心的簇状黏土水泥球，如图 2.2.5 所示。同时，极细的黏粒通过正负电荷作用能够吸附大量的水分子，使浆体中的部分自由水分子变为化合水分子，减小了实际参与水泥水化的自由水量，降低了浆体的等效水灰比。

从矿物组成角度分析，黏土材料主要由多种黏土矿物组成，其中最常见的有蒙脱石、高岭石和伊利石，相应的化学组成见表 2.2.1。各类矿物的含量可通过 X 射线衍射试验（X-ray Diffraction，XRD）获得。总体来说，黏土微观黏粒以次生层状硅酸盐矿物为主，此类矿物化学性质稳定，一般不参与浆液的水化固结反应。但伴随着水泥水化的进行，初始水泥颗粒将不断反应并生长，吸附于水泥颗粒的黏粒颗粒也将相应地发生移动扩散，如图 2.2.6 所示。

常见黏土矿物化学组成　　　　　　　　　　　　　　　表 2.2.1

黏土矿物名称	黏土矿物化学组成
高岭石	$2Al_2O_3 \cdot 4SiO_2 \cdot 4H_2O$
蒙脱石	$(Al_2Mg_3) \cdot (Si_4O_{10}) \cdot nH_2O$
伊利石	$(K，Na，Ca) \cdot (Al，Mg)_3 \cdot (Si，Al)_8O_{20}(OH)_4 \cdot nH_2O$

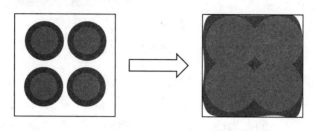

图 2.2.6　黏粒随水泥水化过程的扩散移动

此外，作为一种极性分子，水分子会在电场的作用下吸附在黏土颗粒表面附近，并产生定向排列，形成结合水。微观尺度下黏土黏粒表面结合水会造成一定程度的黏粒体积膨胀，通常称作晶层膨胀（Crystalline Swelling）。所有黏土矿物与水接触后均会发生晶层膨胀，单片黏土晶体的晶层膨胀如图 2.2.7 所示。

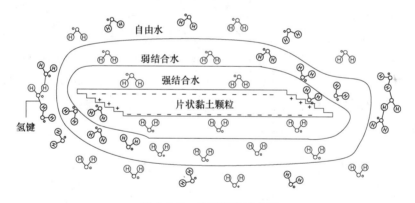

图 2.2.7　晶层膨胀示意图

浆液中分散的黏粒主要是以多层晶体叠合方式形成的颗粒，晶体层间主要依靠分子间作用力和氢键相连。通常晶层间会分布一定的阳离子，而这些阳离子的水合则是驱动水分子克服分子间作用力和氢键作用进入晶层间的主要能量。水合过程中，水分子首先吸附在层间阳离子周围，并逐渐形成包裹阳离子的"水化壳"，撑开黏土叶片的间距，并最终导致黏土黏粒的明显膨胀，如图 2.2.8 所示。此类膨胀称为渗透膨胀（Osmotic Swelling），主要发生在蒙脱石矿物中。由于水化离子种类的差异，蒙脱石矿物中水分子可以呈一层、两层甚至三层，在晶层间排列，表现出极大的吸水膨胀性，相应的黏粒渗透膨胀所产生的体积增量也会远大于晶层膨胀。此外，黏土颗粒的表面结合水，特别是弱结合水，会在水泥颗粒的电场作用下转移到水泥颗粒表面，并参与水泥的水化反应。这将进一步削弱晶层膨胀的影响。因此，在后续的黏粒吸水膨胀计算过程中，本书仅考虑蒙脱石的渗透膨胀作用。

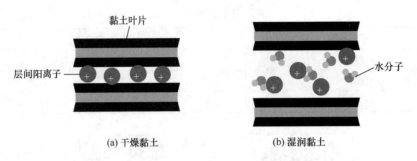

黏土叶片

层间阳离子

水分子

(a) 干燥黏土   (b) 湿润黏土

图 2.2.8　渗透膨胀示意图

杨魁和李贞基于分子动力学理论，通过建立不同水分子含量的分子模型，对蒙脱石的吸水膨胀性进行了计算分析。其研究结果表明，饱和状态下蒙脱石体积相对其干燥状态的体积膨胀倍数在 10~30 之间。当已知各类黏土矿物的含量时，可对蒙脱石吸水膨胀的体积在黏土黏粒中进行等效平均，从而获得黏粒的等效体积膨胀百分比。

2. 微观黏土黏粒的运动分析

微观尺度黏土黏粒伴随水泥水化的生长过程可视作微观黏土物相在孔隙介质中流动发展的过程，该过程是微观表征体元内黏土黏粒扩散运动的结果。本书将引入格子 Boltzmann 方法来分析黏土水泥水化过程中黏土黏粒的运动规律，进而确定微观尺度黏土物相的发展过程。

格子 Boltzmann 方法认为，粒子集合的运动是其内部所有粒子微观运动的结果，每个粒子的运动均服从力学原理，同时单个粒子的运动对粒子集合的运动影响不大。在此基础上，该方法将经典粒子牛顿力学和量子力学相结合，通过 Boltzmann 方程计算粒子密度分布函数的时空演化来获取粒子集合的整体流动信息。Boltzmann 方程对物理-动量空间中单个粒子分布函数演化规律的描述如下：

$$\frac{\partial f}{\partial t} + \xi \frac{\partial f}{\partial r} + a\frac{\partial f}{\partial \xi} = \Omega(f) \tag{2.2.1}$$

式中，f 为粒子的分布函数，表示在时间 t 和空间位置 r 上具有速度 ξ 的粒子数量，即粒子的数密度；a 为作用在粒子上的外力引起的加速度；$\Omega(f)$ 为粒子间碰撞造成的分布函数的变化。

在此基础上，Bhatnagar 等提出了 BGK（Bhantnagar-Gross-Krood）假设，认为粒子间的碰撞会导致其分布函数 f 不断向平衡态分布函数 f^{eq} 发展，分布函数 f 的变化量与其偏离平衡态分布函数 f^{eq} 的程度成正比。据此可获得 Boltzmann-BGK 方程：

$$\frac{\partial f}{\partial t} + \xi \frac{\partial f}{\partial r} + a\frac{\partial f}{\partial \xi} = -\frac{f - f^{eq}}{\tau} \tag{2.2.2}$$

式中，τ 为松弛时间，表示粒子两次碰撞间隔时间的平均值；f^{eq} 为平衡态分布函数，可采用 Maxwell Boltzmann 平衡态分布函数表示：

$$f^{eq} = \frac{\rho}{(2\pi RT)^{D/2}}\exp\left[-\frac{(\xi - u)^2}{2RT}\right] \tag{2.2.3}$$

式中，R 为理想气体常数；D 为空间维数；ρ、u 和 T 分别表示为粒子集合的密度、速度和温度。

　　单个粒子的速度在相空间中是连续且无穷维的，但考虑到单个粒子的运动细节并不显著影响粒子集合的运动，实际计算时可将粒子运动速度 ξ 简化为有限维度上的速度空间 $\{e_0, e_1, \cdots, e_N\}$，其中 N 表示速度的维数；分布函数 f 也可被离散为相似的形式 $\{f_0, f_1, \cdots, f_N\}$。速度离散后的 Boltzmann-BGK 方程被称作格子 Boltzmann-BGK 方程，可表示如下：

$$\frac{\partial f_a}{\partial t} + \xi \cdot \nabla f_a = -\frac{f_a - f_a^{\text{eq}}}{\tau} + F_a \tag{2.2.4}$$

式中，α 表示方向维数；F_a 为离散速度空间的外力项；f_a 为离散速度空间粒子分布函数；f_a^{eq} 为离散速度空间的局部平衡态分布函数，可通过对式（2.2.3）进行泰勒展开获得，当粒子集合的流速较低时，常采用其二阶泰勒展开式：

$$f_a^{\text{eq}} = \frac{\rho}{(2\pi RT)^{D/2}} \exp\left(-\frac{e_a^2}{2RT}\right)\left\{1 + \frac{u \cdot e_a}{RT} + \frac{(u \cdot e_a)^2}{2(RT)^2} - \frac{u^2}{2RT}\right\} + O(u^3) \tag{2.2.5}$$

式中，$O(u^3)$ 表示泰勒公式的余项；e_a 表示离散速度向量。

　　一个完整的格子 Boltzmann 模型一般分为三部分：格子，即离散速度模型（Discrete Velocity Model，DVM）；平衡态分布函数；分布函数的演化方程（Evolution Equation）。其中，最重要的因素是离散速度模型，其决定了平衡态分布函数的具体形式，从而构造出相应的格子 Boltzmann 模型求解宏观流体方程。离散速度模型中的离散速度需要选择合适的数量，过少会导致一些物理量不守恒，过多则造成多余计算而浪费资源。目前比较常用的离散速度模型是由 Qian 等提出的 $DdQm$ 系列模型（d 表示维度数量，m 表示离散速度的数量），包括 D2Q9、D3Q15、D3Q19 等模型，其可靠度已得到试验证明。为了更准确地描述黏土黏粒的三维运动，本书在 $DdQm$ 的理论框架下，提出了 D3Q27 模型，模型中包括 6 个主方向、12 个面对角方向和 8 个角对角方向，其速度配置如图 2.2.9 所示，相应的速度向量见表 2.2.2。

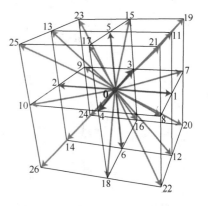

图 2.2.9　D3Q27 模型速度配置图

D3Q27 模型的离散速度向量　　表 2.2.2

e_a/c	α
$(0, 0, 0)$	0
$(\pm1, 0, 0), (0, \pm1, 0), (0, 0, \pm1)$	1～6
$(\pm1, \pm1, 0), (\pm1, 0, \pm1), (0, \pm1, \pm1)$	7～18
$(\pm1, \pm1, \pm1)$	19～26

　　表 2.2.2 中的 $c = \delta_x/\delta_t$，δ_x 和 δ_t 分别表示格子和时间步长。上述离散速度满足：

$$\sum_{\alpha=1}^{6} e_{ai} = 0, \quad \sum_{\alpha=7}^{18} e_{ai} = 0, \quad \sum_{\alpha=19}^{26} e_{ai} = 0 \tag{2.2.6}$$

$$\sum_{\alpha=1}^{6} e_{ai}e_{aj} = 2c^2\delta_{ij}, \quad \sum_{\alpha=7}^{18} e_{ai}e_{aj} = 8c^2\delta_{ij}, \quad \sum_{\alpha=19}^{26} e_{ai}e_{aj} = 8c^2\delta_{ij} \tag{2.2.7}$$

$$\sum_{\alpha=1}^{6} \boldsymbol{e}_{\alpha i}\boldsymbol{e}_{\alpha j}\boldsymbol{e}_{\alpha k}=0, \quad \sum_{\alpha=7}^{18} \boldsymbol{e}_{\alpha i}\boldsymbol{e}_{\alpha j}\boldsymbol{e}_{\alpha k}=0, \quad \sum_{\alpha=19}^{26} \boldsymbol{e}_{\alpha i}\boldsymbol{e}_{\alpha j}\boldsymbol{e}_{\alpha k}=0 \tag{2.2.8}$$

$$\begin{cases} \displaystyle\sum_{\alpha=1}^{6} \boldsymbol{e}_{\alpha i}\boldsymbol{e}_{\alpha j}\boldsymbol{e}_{\alpha k}\boldsymbol{e}_{\alpha l}=2c^4\delta_{ijkl}, \quad \displaystyle\sum_{\alpha=7}^{18} \boldsymbol{e}_{\alpha i}\boldsymbol{e}_{\alpha j}\boldsymbol{e}_{\alpha k}\boldsymbol{e}_{\alpha l}=8c^4\Delta_{ijkl}-16c^4\delta_{ijkl}, \\ \displaystyle\sum_{\alpha=19}^{26} \boldsymbol{e}_{\alpha i}\boldsymbol{e}_{\alpha j}\boldsymbol{e}_{\alpha k}\boldsymbol{e}_{\alpha l}=8c^4\Delta_{ijkl}-16c^4\delta_{ijkl} \end{cases} \tag{2.2.9}$$

式中，δ 为 Kronecker 函数；$\boldsymbol{e}_{\alpha i}$，$\boldsymbol{e}_{\alpha j}$，$\boldsymbol{e}_{\alpha k}$，$\boldsymbol{e}_{\alpha l}$ 为离散速度张量；角标 α 表示离散速度方向；角标 i，j，k，l 取值范围为 $\{1,2,3\}$，分别表示三维向量空间中的 x，y，z 轴方向；$\Delta_{ijkl}=(\delta_{ij}\delta_{kl}+\delta_{ki}\delta_{jl}+\delta_{il}\delta_{jk})$。

参照式（2.2.5）中的平衡态分布函数，Qian 等给出了 DdQm 系列模型的平衡态分布函数形式：

$$f_{\alpha}^{eq}=\rho\omega_{\alpha}\left[1+\frac{\boldsymbol{e}_{\alpha}\cdot\boldsymbol{u}}{c_s^2}+\frac{(\boldsymbol{e}_{\alpha}\cdot\boldsymbol{u})^2}{2c_s^4}-\frac{u^2}{2c_s^2}\right] \tag{2.2.10}$$

式中，ω_{α} 为速度方向权系数，取决于 DdQm 系列模型的类型；c_s 为格子声速。

根据质量、动量和能量守恒原理，DdQm 模型中的平衡态分布函数应满足下列速度矩方程：

$$\rho=\sum_{\alpha} f_{\alpha}^{eq} \tag{2.2.11}$$

$$\rho\boldsymbol{u}=\sum_{\alpha} f_{\alpha}^{eq}\boldsymbol{e}_{\alpha} \tag{2.2.12}$$

$$\rho u_i u_j+p\delta_{ij}=\sum_{\alpha} f_{\alpha}^{eq}\boldsymbol{e}_{\alpha i}\boldsymbol{e}_{\alpha j} \tag{2.2.13}$$

式中，p 为宏观压力。

将式（2.2.10）代入式（2.2.11）～式（2.2.13），可分别得到：

$$\rho=\rho(\omega_0+6\omega_1+12\omega_2+8\omega_3)+\rho u^2\left[\omega_1\left(\frac{c^2}{c_s^4}-\frac{3}{c_s^2}\right)+\omega_2\left(\frac{4c^2}{c_s^4}-\frac{6}{c_s^2}\right)\right.$$
$$\left.+\omega_3\left(\frac{4c^2}{c_s^4}-\frac{4}{c_s^2}\right)-\omega_0\frac{1}{2c_s^2}\right] \tag{2.2.14}$$

$$\rho\boldsymbol{u}=\rho\left(\omega_1\frac{2c^2}{c_s^2}+\omega_2\frac{8c^2}{c_s^2}+\omega_2\frac{8c^2}{c_s^2}\right) \tag{2.2.15}$$

$$\rho u_i u_j+p\delta_{ij}=\rho\omega_1\left[\sum_{\alpha=1}^{6}\boldsymbol{e}_{\alpha i}\boldsymbol{e}_{\alpha j}\left(1-\frac{u^2}{2c_s^2}\right)+\sum_{\alpha=1}^{6}\frac{\boldsymbol{e}_{\alpha i}\boldsymbol{e}_{\alpha j}\boldsymbol{e}_{\alpha k}\boldsymbol{e}_{\alpha l}u_k u_l}{2c_s^4}\right]$$
$$+\rho\omega_2\left[\sum_{\alpha=7}^{18}\boldsymbol{e}_{\alpha i}\boldsymbol{e}_{\alpha j}\left(1-\frac{u^2}{2c_s^2}\right)+\sum_{\alpha=7}^{18}\frac{\boldsymbol{e}_{\alpha i}\boldsymbol{e}_{\alpha j}\boldsymbol{e}_{\alpha k}\boldsymbol{e}_{\alpha l}u_k u_l}{2c_s^4}\right] \tag{2.2.16}$$
$$+\rho\omega_3\left[\sum_{\alpha=19}^{26}\boldsymbol{e}_{\alpha i}\boldsymbol{e}_{\alpha j}\left(1-\frac{u^2}{2c_s^2}\right)+\sum_{\alpha=19}^{26}\frac{\boldsymbol{e}_{\alpha i}\boldsymbol{e}_{\alpha j}\boldsymbol{e}_{\alpha k}\boldsymbol{e}_{\alpha l}u_k u_l}{2c_s^4}\right]$$

结合式（2.2.6）～式（2.2.9）整理可得：

$$\omega_0 + 6\omega_1 + 12\omega_2 + 8\omega_3 = 1 \tag{2.2.17}$$

$$\omega_1 \left(\frac{c^2}{c_s^4} - \frac{3}{c_s^2} \right) + \omega_2 \left(\frac{4c^2}{c_s^4} - \frac{6}{c_s^2} \right) + \omega_3 \left(\frac{4c^2}{c_s^4} - \frac{4}{c_s^2} \right) - \omega_0 \frac{1}{2c_s^2} = 0 \tag{2.2.18}$$

$$(\omega_1 + 4\omega_2 + 4\omega_3) \frac{2c^2}{c_s^2} = 1 \tag{2.2.19}$$

$$(4\omega_2 + 8\omega_3) \frac{c^4}{c_s^4} = 1 \tag{2.2.20}$$

$$(\omega_1 - 3\omega_2 - 4\omega_3) \frac{c^4}{c_s^4} = 0 \tag{2.2.21}$$

联立式（2.2.17）～式（2.2.21），可得：

$$\omega_0 = \frac{8}{27}, \ \omega_1 = \frac{2}{27}, \ \omega_2 = \frac{1}{54}, \ \omega_3 = \frac{1}{216}, \ c_s^2 = \frac{c^2}{3} \tag{2.2.22}$$

考虑到黏土水泥实际水化过程中，黏土黏粒伴随水泥物相的移动较为缓慢，可假设在黏土黏粒格子运动的间隔时间内微观黏土黏粒集合的速度 u 趋向于零。此时，平衡态分布函数在各速度方向上的分量可以表示为：

$$f_\alpha^{eq} = \rho \omega_\alpha = \begin{cases} \frac{8}{27}\rho, & \alpha = 0 \\[2mm] \frac{2}{27}\rho, & \alpha = 1 \sim 6 \\[2mm] \frac{1}{54}\rho, & \alpha = 7 \sim 18 \\[2mm] \frac{1}{216}\rho, & \alpha = 19 \sim 26 \end{cases} \tag{2.2.23}$$

结合平衡态分布函数的概念，f_α^{eq} 可以理解为单位体积粒子集合向方向 α 运动的概率为 ω_α。

3. 微观黏土黏粒的水化分析

黏土黏粒的水化固结是一个逐步发展的过程。初始状态下，由于正负电荷间的相互吸引，尺寸较小的水化黏粒颗粒被吸附在水泥颗粒表面，空间上呈现出絮凝状分布特征。随着水泥颗粒水化反应的进行，水泥物相将不断向外扩展生长。相应地，受到水泥水化化学动力的影响，水泥颗粒周围的黏粒颗粒将伴随水化过程的进行不断扩散发展，但黏粒物相总体积不发生改变。基于黏土随水泥水化固结的机理以及微观尺度下水化黏土黏粒的形态分布特点，本书借助多孔介质的丛生理论提出一种可控制的随机伴随生长法来重构微观尺度下黏土水泥的组构模型。

在进行微观模型重构计算之前，首先假设黏土物理性黏粒在浆液中可水化分散为与 CEMHYD3D 模型像素尺寸相同的特征黏粒，并采用同等尺寸的正方体单元将微观表征体元离散为有限元网格，以方便表征体元有限元网格模型的建立。在此基础上，可通过设置特定的参数，计算黏土黏粒伴随水泥水化的生长发展过程。

（1）伴随生长的控制参数

基于黏土水泥的水化过程，本书通过设定初始生长核分布参数、黏土黏粒的数量 n_c 和定向生长概率 p_a 实现对黏土水泥模型中各生长相随机生长过程的控制。

① 初始生长核分布参数

水化初期黏土黏粒由于电荷间的吸引力，会吸附在水泥颗粒的表面，形成以水泥颗粒为核心的簇状黏土水泥球。因此，水化初始阶段的水泥颗粒将作为黏土黏粒的初始生长核而存在，其颗粒级配以及体积分数将决定其在微观表征体元内的分布，进而影响初始状态下黏土黏粒的空间分布。

② 黏土黏粒数量 n_c

黏土材料作为惰性材料，一般不参与水化反应。因此，可基于黏土水泥配合比，计算获得微观表征体元中黏土黏粒的体积百分比 v_c，之后通过计算 v_c 与表征体元内单元总数 n_{total} 的乘积可获取黏土黏粒的数量 n_c。

③ 定向生长概率 p_a

定向生长概率 p_a 表示黏土黏粒向方向 α 生长或运动的概率。本书将采用 D3Q27 方向体系对黏土水泥进行三维重构，此时粒子集合在方向 α 上运动的概率可用权重系数 ω_a 表示。实际计算过程中，水泥物相每生长或运动一个单元，将相应有一个黏土黏粒单元发生运动，此时单个黏土黏粒在 α 方向上的运动概率可表示为权重系数 ω_a 与黏粒数量 n_c 的比值，即 $p_a = \omega_a / n_c$。

（2）黏土黏粒伴随生长的实现流程

综合上述分析内容，黏土黏粒随机伴随生长的实现流程如图 2.2.10 所示，具体实现步骤如下：

步骤 1：在重构区域内随机投放水泥和石膏颗粒，并标记出这些水泥颗粒最外层单元的 ID 和坐标信息，以作为初始状态黏粒颗粒的生长核，除此之外表征体元内其他单元均标注为孔隙物相。

步骤 2：基于初始黏粒颗粒的生长核，生成吸附在初始水泥颗粒表面的黏粒颗粒。在确定从已有颗粒（黏粒生长核和新生成的黏土黏粒）向各个方向上相邻单元的定向生长概率 p_a 后，若第 α 个方向上的单元为孔隙物相，则在 [0, 1] 区间内生成平均分布的随机数；若小于相应的定向生长概率 p_a，则该孔隙单元将转变为黏粒单元。

步骤 3：完成水化反应前初始黏土水泥球的构造。重复步骤 2，当黏土生长相达到指定的单元数量 n_c 时，结束该轮生长。需要注意的是，此时黏土相的体积分数需考虑自身吸水膨胀的影响。

步骤 4：水化反应中的水泥颗粒生长。在模拟空间内进行初始水泥颗粒的水化反应模拟，水化产物物相随着 CEMHYD3D 的每一次水化模拟逐渐向外部扩散生长。当相邻生长单元为孔隙物相时，水化产物物相按原反应规律生长；当相邻生长单元为黏粒物相时，满足定向生长条件的水泥单元将取代该黏粒单元，同时该黏粒单元的信息将从黏土黏粒单

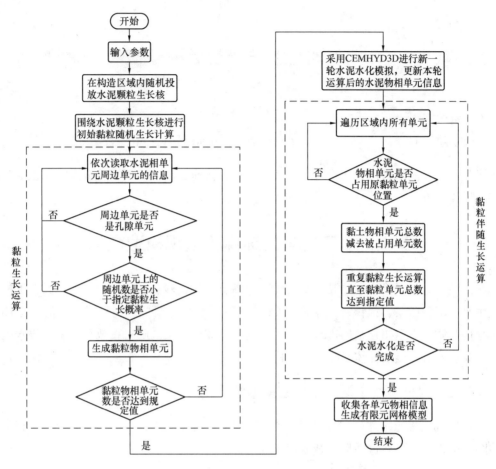

图 2.2.10　微观黏土水泥伴随生长计算流程图

元集合中删除。

步骤 5：黏土黏粒的伴随生长。在水泥颗粒取代黏粒颗粒位置后，将剩余黏粒颗粒和水泥颗粒水化产物外层的单元作为新的黏粒生长核，并结合黏粒向相邻单元定向生长的概率 p_a，在适当的单元位置生成新的黏土黏粒。重复本步骤中计算，直到黏土黏粒单元数再次达到指定的数量 n_c。

步骤 6：水化完成后最终的黏土相和水泥相生长。重复步骤 4 和步骤 5，直到水泥生长相达到指定水化程度。收集黏土和水泥生长相的单元信息，编程构建黏土水泥表征体元的三维有限元网格模型。

随机伴随生长法为 CEMHYD3D 模型提供了一个合适的计算接口。通过在原水泥水化模型 CEMHYD3D 水化反应规则的基础上加入该水泥黏土双相伴随生长规则，可建立黏土水泥的水化生长模型 CLCEMHYD3D，相应的建模流程如图 2.2.11 所示。

与传统的随机生成方法相比，本书提出的计算方法具有如下优点：①基于黏土水泥水化发展的机理展开，生长过程与实际情况相似；②计算参数具有明确的物理意义；③系统

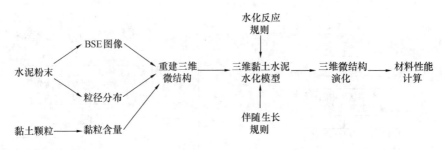

图 2.2.11　CLCEMHYD3D 建模的基本流程图

考虑了颗粒分布的随机性；④生长过程简单，计算快速、高效，便于生成水泥黏土的三维有限元网格模型。

2.3　水工混凝土细观和宏观模型重构

水工混凝土细观尺度下的黏土水泥砂浆由黏土水泥、砂和孔隙构成，宏观尺度下的混凝土由黏土水泥砂浆、粗骨料、界面过渡区（ITZ）和孔隙组成。两种尺度下的表征体元均可采用基质－夹杂拓扑结构进行表征。本书借助球形夹杂的随机投放程序来完成水工混凝土细观和宏观尺度表征体元模型的重构。

2.3.1　细观尺度下水工混凝土砂浆模型的重构

细观尺度下黏土水泥砂浆模型的重构实际上是对表征体元内各夹杂物相 PSD 和空间分布的模拟，具体可通过球形夹杂的随机投放程序来实现。

（1）球形夹杂的随机投放

在已有的混凝土数值模拟研究中，夹杂物相通常以球体、椭球体、凸多面体和任意多面体等形式出现。研究表明，上述夹杂形式中，球形夹杂的模拟结果更接近实际情况，并且可以大大简化模型的建立过程，故本书假定随机投放的夹杂物相均为球形。

在三维空间中建立球形夹杂模型需确定 4 个变量，即球心坐标值 (x, y, z) 和球形夹杂的半径 r。上述变量需满足如下要求：

① 球心坐标值 (x, y, z) 应由满足一定概率分布的随机数确定，从而保证球体空间分布的随机性；

② 球心坐标值 (x, y, z) 必须满足不同球体两两相离的条件，以此来保证产生出来的球体相互独立，不出现位置重叠或交叉；

③ 球体分布应满足边界条件，即球体应在表征体元所界定的区域内随机分布。

球形夹杂的随机投放应围绕上述要求展开，逐步确定各投放球体的球心坐标 (x, y, z) 和球形夹杂的半径 r。首先，球形夹杂在三维表征体元内的球心坐标 (x, y, z) 可通过在表征体元空间范围内生成满足均匀分布的随机数来确定，即：

$$(x, y, z) = (\text{rand}(x_{\min}, x_{\max}), \text{rand}(y_{\min}, y_{\max}), \text{rand}(z_{\min}, z_{\max})) \quad (2.3.1)$$

式中，$(x，y，z)$ 为夹杂球心坐标；rand（　）为均匀分布随机数的生成函数；下脚标 min 和 max 分别表示表征体元空间中的最小和最大坐标值。

　　在随机生成球形夹杂的球心坐标后，需检验生成的球体是否满足球体相离条件和边界条件，若不满足，需重新生成球形夹杂。当两个球体球心的间距大于两球体半径之和时，可确定两者相离，如图 2.3.1 所示，具体可表示如下：

$$l=\sqrt{(x_i-x_j)^2+(y_i-y_j)^2+(z_i-z_j)^2}>r_i+r_j \tag{2.3.2}$$

式中，l 表示两个球体的球心间距；$(x_i，y_i，z_i)$ 和 $(x_j，y_j，z_j)$ 分别表示两个球体的球心坐标；r_i 和 r_j 分别表示两个球体的半径。

　　在进行边界条件检验时，若将夹杂球体完全限制在表征体元轮廓所界定的区域内，不允许夹杂与边界相交，则球心至各边界表面的距离均需大于其半径值，如图 2.3.2 所示，这将大大降低夹杂球体随机投放的范围，且增大了不同尺寸表征体元内夹杂投放结果的差异。

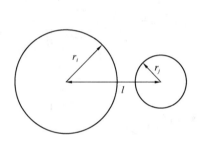

图 2.3.1　球体相离示意图

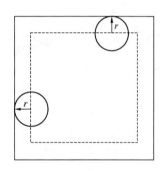

图 2.3.2　球体与边界
相离判断示意图

　　为此，本书采用周期性边界条件限制夹杂的投放，即当夹杂球心至边界距离不足其半径时，在表征体元外部相应位置生成该夹杂球体的周期映射。球体的周期映射具体分为三种情况：①若球心仅与单个边界面间距离不足其半径，则在垂直于该边界面方向生成 1 个该夹杂球体的周期映射，如图 2.3.3（a）所示；②若球心与两个边界面间距离不足其半

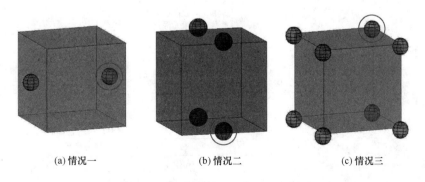

(a) 情况一　　　　　　　　(b) 情况二　　　　　　　　(c) 情况三

图 2.3.3　周期性边界条件示意图

径，则在垂直于这两个边界方向以及面对角方向生成 3 个该夹杂球体的周期映射，如图 2.3.3（b）所示；③若球心与三个边界面间距离不足其半径，则在垂直于三个边界面方向、面对角线方向以及体对角线方向生成 7 个该夹杂球体的周期映射，如图 2.3.3（c）所示。

（2）球形夹杂随机投放的实现流程

基于上述分析，三维表征体元内球形夹杂随机投放的实现流程如图 2.3.4 所示，具体实现步骤如下：

步骤 1：根据表征体元体积、各类夹杂尺寸和体积百分比，计算得到各尺寸夹杂球体

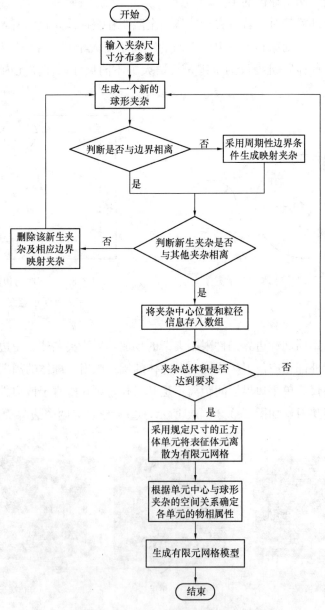

图 2.3.4　球形夹杂随机投放流程图

的数目。

步骤 2：将夹杂按从大到小的顺序随机投放，同时记录各夹杂球体的球心位置 (x, y, z) 及半径 r 的值。在生成球心坐标后，需检验不同球心之间的距离 l 是否满足要求。若不满足要求，则需重新生成球心坐标，重复该过程直至已投放夹杂的数目满足相应体积百分比的要求。

步骤 3：检验各夹杂球体和表征体元各边界的距离是否小于其半径。若距离小于半径，则参考图 2.3.3 生成该夹杂球体的空间周期映射。在完成所有夹杂球体的边界检验和周期映射后，检验映射产生的球体在表征体元内是否满足夹杂球体空间距离的要求。若不满足要求，则删除相应的夹杂球体。

步骤 4：重复步骤 2 和步骤 3，直到夹杂球体的投放数量以及空间位置均满足要求。

步骤 5：采用规定尺寸的正方体单元将表征体元离散为有限元网格，并遍历所有单元的中心，测量其与各夹杂球心的距离。若该距离小于相应夹杂球体的半径，则将该像素的物相属性归为该夹杂相，否则归为基质相。在完成遍历后，生成各网格节点的信息数组，记录各节点的空间位置和物相属性，并据此编程构建黏土水泥砂浆表征体元的三维有限元网格模型。

（3）基于球形夹杂随机投放的黏土水泥砂浆细观模型重构

在进行黏土水泥砂浆细观结构的建模时，将黏土水泥作为基质相，将砂和孔隙作为夹杂相。细观尺度下黏土水泥砂浆中的砂由细骨料砂和黏土中的物理性砂粒共同构成，粒径分布可通过筛分试验测得。而黏土水泥砂浆中的孔隙直径主要分布在 $10\sim200\mu m$ 之间。假设砂和孔隙两类夹杂均为球形实体，则可采用球形夹杂随机投放的程序，按粒径从大到小的顺序依次投放砂粒和孔隙，进而完成细观尺度下黏土水泥砂浆的模型重构。

2.3.2　宏观尺度下水工混凝土砂浆模型的重构

水工混凝土的宏观表征体元主要由黏土水泥砂浆、粗骨料、ITZ 以及孔隙等物相组成。在进行水工混凝土的宏观重构时，将黏土水泥砂浆作为基质相，将粗骨料、ITZ 和孔隙作为夹杂相。在确定夹杂相的尺寸分布后，同样采用球形夹杂随机投放的程序来投放粗骨料和孔隙夹杂。

ITZ 相是粗骨料物相与基质物相间的薄层过渡物相，其弹性模量通常为基质弹性模量的 $20\%\sim70\%$。ITZ 是混凝土类材料的重要组成部分，同时也是其薄弱环节。研究发现，混凝土粗骨料外层 ITZ 的厚度一般在 $20\sim50\mu m$ 之间，最大不超过 $100\mu m$，远小于该尺度下其他夹杂物相的尺寸，其在宏观表征体元中的体积占比也远小于其他物相。因此，ITZ 对防渗墙混凝土初始状态下的力学性能影响较小，计算时可用水泥砂浆代替。但作为混凝土材料中的薄弱环节，ITZ 对材料受力损伤阶段的力学响应将有较大影响，相应的宏观表征体元建模将在本书后续章节中详细论述。

第 3 章

水工混凝土无压渗吸
计算模型

3.1　水泥基材料中的水分分布和水分状态

为量化水分传输过程，首先对水泥基材料中水分传输的物理过程进行分析。水分通过水泥基介质多孔网络传输大致包括五个过程（图 3.1.1）：①水分子的扩散和吸附；②湿度梯度作用下的扩散；③孔喉处的凝结；④薄层水膜中的流动；⑤饱和流动。因此水泥基材料中的水分传输主要包括气态水和液态水的传输，并统一用质量守恒方程表示为：

$$\frac{\partial \theta}{\partial t} + \mathrm{div}(J(\theta, \nabla\theta)) + Q_\theta = 0 \tag{3.1.1}$$

式中，θ 为单位体积中的水分含量；t 为时间；J 为水分通量；Q_θ 为由于水泥水化带来的水量消耗。

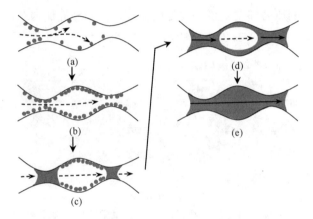

图 3.1.1　水分在水泥基介质多孔网络中的传输示意图

基于达西定律，水分通量可以表达为：

$$J = -(D_\mathrm{p} \nabla P_l + D_\mathrm{T} \nabla T) \tag{3.1.2}$$

式中，D_p 为水压 P_l 作用下的水分综合传输系数；D_T 为温度 T 作用下的水分综合传输系数。

在实际有限元计算中，若出现很大的温度波动，传导系数也会出现较大的变化，在本研究中，温度基本控制在 $20\pm2℃$ 的范围内，因此式（3.1.2）中的第二项大致接近于 0。式（3.1.2）中，D_p 可以进一步用下式表达：

$$D_\mathrm{p} = K_l + K_\mathrm{v} \tag{3.1.3}$$

式中，K_l 为液态水渗透系数；K_v 为水蒸气渗透系数。

在非饱和孔隙中，认为水蒸气的传输是稳定的蒸汽流动，其传输过程可以采用优化的菲克定律（Fick's Law）表达，其通量 J_v 可以由下式计算：

$$J_\mathrm{v} = -\frac{\rho_\mathrm{v}\phi D_0}{n}\frac{1-S}{1+N_\mathrm{k}} \nabla h \tag{3.1.4}$$

式中，ρ_v 为气态水密度；ϕ 为材料孔隙率；D_0 为水蒸气扩散系数；n 为曲折度因子$(\pi/2)^2$；S 为孔隙中液态水饱和度；h 为相对湿度；N_k 为克努森数，该数表示水分子在小孔隙中传输时，由于水分子和孔隙壁的碰撞带来的阻滞效应，即克努森效应（Knudsen Effect），可以由式（3.1.5）计算：

$$N_k = l_m / 2r_e \tag{3.1.5}$$

式中，l_m 为水分子的平均自由程；r_e 为有效孔隙半径，可以通过真实孔隙半径减去孔隙内壁表面的吸附水层厚度计算。因而水蒸气的传输系数可以由式（3.1.6）计算：

$$K_v = \frac{\rho_v \phi D_0}{n} \frac{1-S}{1+N_k} \frac{Mh}{\rho_l RT} \tag{3.1.6}$$

式中，M 为水的摩尔质量；ρ_l 为液态水密度；$R = 8.314 \text{J}/(\text{mol} \cdot \text{K})$ 为普适气体常数。

对于水泥基材料中的液态水而言，其主要存在形式为凝结水，可以将其流动理想化为稳定层流，并用哈根-泊肃叶公式描述，该公式是稳态纳维-斯托克斯方程的精确解，可以用于描述液体在外部稳定压力作用下流经多孔介质时的流动规律。在这种情况下，液体流动的驱动力是孔隙中的压力梯度，该梯度是由孔隙结构和外界压力共同决定的，类似于管道中的稳定流动现象，如图 3.1.2（a）所示。

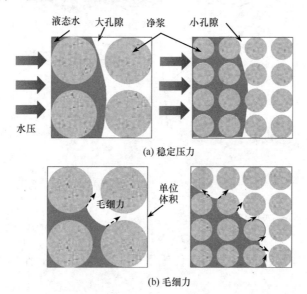

(a) 稳定压力

(b) 毛细力

图 3.1.2　水泥基材料中的稳定压力和毛细力示意图

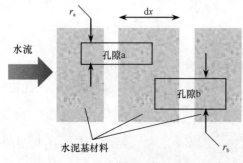

图 3.1.3　水流通过水泥基材料的
多孔截面示意图

因此，在水泥基材料中可以把孔隙通道看成是一束具有不同孔径的管状毛细管。如图 3.1.3 所示，对于一宽度为 $\mathrm{d}x$ 的水泥基材料单元，在其两个截面上都分布着不同孔径的孔隙，分别用 r_a 和 r_b 表示，且都遵循相同的孔径分布特征。假设水流垂直通过其截面，则总的流体通量应是所有通过 r_a 和 r_b 孔隙组合的流束总和，通过积分可以得到液态水通量 J_l：

$$J_l = -\frac{\rho_l}{8\eta} \int_0^\infty \int_0^\infty r_a r_b \mathrm{d}A_a \mathrm{d}A_b \nabla P_l \tag{3.1.7}$$

式中，$A_i(i=a,b)$ 为对应截面面积；η 为流体黏度，可以用下式计算：

$$\eta = \eta_i \exp(G_e/RT) \tag{3.1.8}$$

式中，η_i 为理想状态下的水的固有黏度系数；G_e
为等效自由能，该值为湿度变化速率的函数。

于是在非饱和态下的液态水渗透系数可以表
达为：

$$K_l = \frac{\rho_l \phi^2}{50\eta} \Big(\int_0^{r_c} r\mathrm{d}V\Big)^2 \tag{3.1.9}$$

式中，r 为孔隙半径；V 为归一化的孔隙体积；
r_c 为临界孔隙半径，表示气液态界面所处的孔隙
半径，小于该半径的孔隙饱和，大于该半径的孔
隙未饱和，如图 3.1.4 所示。当孔隙完全饱和
时，r_c 等于最大孔隙半径。

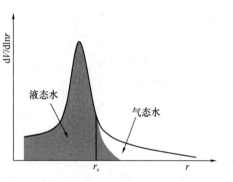

图 3.1.4　孔隙中的饱和状态示意图

3.2　毛细孔中液态水的滑移效应

毛细现象的产生来源于在流体和固体孔隙壁以及空气之间形成的界面上的不平衡力，
即表面张力。由于表面自由能的不同，当水滴接触空气和孔隙壁时，在介质交界处两两之
间会产生不平衡力，如图 3.2.1 所示，表面张力满足下式：

$$\gamma_{gs} - \gamma_{ls} = \gamma_{gl} \cos\alpha \tag{3.2.1}$$

式中，γ_{gs}，γ_{ls} 和 γ_{gl} 分别表示气-固，液-固和气-液表面的张力大小；α 为接触角。将上式
右边在接触线上积分并平均到孔隙截面，得到毛细力计算方程，Washburn 方程：

$$P = -\frac{2\gamma\cos\alpha}{r} \tag{3.2.2}$$

式中，P 为毛细力；γ 为表面张力；r 为孔隙半径。毛细力与表面张力成正比，与孔隙半
径成反比，直接作用于接触线上。

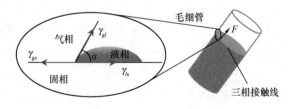

图 3.2.1　三相界面上的表面张力

根据分子动力学理论，毛细管中液态水在毛细力作用下会出现滑移效应，即毛细管中
接触线的移动速率不为零，学者 Yamamoto 给出了一个表达式计算其移动速度 v_d：

$$v_d = \chi \frac{\gamma(\cos\theta_s - \cos\theta_d)}{2\eta} \tag{3.2.3}$$

式中，χ 是无量纲参数；θ_s 和 θ_d 分别为静态和动态接触角。

然而，参数 χ 需要调整和试验值匹配，并无明确的物理意义，无法用于直接计算，尽管如此，在此基础上可以进一步给出边界滑移假设：

（1）毛细孔边界处速率不为零；

（2）毛细孔中的液态水速率等于接触线的移动速率；

（3）速率取决于滑移长度。

这里，滑移长度指的是速率沿孔隙半径方向的分布曲线延伸到孔隙壁内部的深度，如图 3.2.2 所示。本研究采用学者 Choi 通过试验给出的滑移长度 δ 计算公式：

$$\delta = 0.06(\dot{\gamma})^{0.5} \times 10^{-9} \tag{3.2.4}$$

式中，$\dot{\gamma}$ 为剪切速率，该滑移长度用于描述孔隙壁表面附近的速度剖面，特别是在高压力梯度的情况下，这种效应将十分明显。

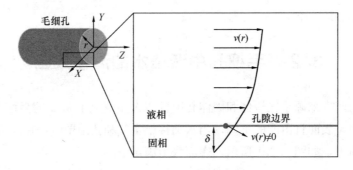

图 3.2.2　滑移长度示意图

3.3　考虑滑移效应的渗透系数

在非饱和水泥基材料渗吸过程中，毛细力是主要作用力，此时重力效应相对于孔隙中的毛细力而言十分微小，实际上水泥基材料中孔隙半径大部分小于 $1\mu m$。对于 $1\mu m$ 的孔隙而言，根据 Washburn 公式（3.2.2），其中的毛细力大小约相当于 14m 的水头，远大于重力影响，因此可以参考文献中的计算，按照不考虑重力作用的方式计算。另外，考虑到毛细力大小和孔径成反比，在更小的孔隙中，毛细力的影响将更大，进一步说明了此时重力作用可以忽略。

一般来说，扩展的达西定律[式（3.1.2）]可以用来描述渗吸过程中的毛细力，将原始达西定律中的渗透系数修正为非饱和渗透系数，该系数为含水量的函数。这里，渗吸过程被假设为一种非饱和稳定流动，其和饱和流动之间的区别只是渗透率的不同。但是，考虑到水泥基材料中孔隙的复杂性，由毛细力驱动的流动会受到孔隙结构的阻碍，例如墨水瓶状孔隙也会影响毛细力的大小，因此微孔结构中并不存在一种完美的非饱和流，特别是当水压梯度很大的时候。

根据前人的研究可知，在小孔隙网络中气液界面的数量比大孔隙网络中要多，如图 3.1.2（b）所示，因此随着含水饱和度的增加，连通的孔隙比例将逐渐减少，由于孔隙结构的复杂性，在现有的 Washburn 毛细力模型中并未考虑上述现象。精确的方法是计算孔隙网络本身对非饱和渗透系数的影响，但是孔隙网络真实的结构很难获得，于是本研究将毛细驱动压力的作用效果，即水压梯度的变化以非饱和渗透系数中的参数来表征。在下面给出的模型中，非饱和渗透系数不仅和含水量有关，也和水压梯度相关，正如学者 Yoneda 的研究，认为非原位作用力也会导致混凝土的开裂现象一样，非原位水压梯度也会对渗透性能产生影响。

基于以上分析，本书提出一种新的渗透率公式，在该模型中应用滑移长度来描述孔隙中的液态水在毛细力作用下的滑移效应。根据经典的哈根-泊肃叶流动方程，圆柱形孔隙截面上的速率分布以无滑移边界的方式呈现抛物线形状，可以表达为：

$$v = \frac{\Delta P_l}{4\eta l}(r^2 - r_{\mathrm{v}}^2) \tag{3.3.1}$$

式中，v 为沿着孔隙长度 l 方向的流动速率；r_{v} 为速率点距离圆形孔隙截面的中心的半径，如图 3.3.1 所示。在滑移条件下，式（3.3.1）修正为：

$$v = \frac{\Delta P_l}{4\eta l}\big[(r+\delta)^2 - r_{\mathrm{v}}^2\big] \tag{3.3.2}$$

于是，孔隙壁边界上的速率可以计算为：

$$v_{\mathrm{r}} = \frac{\Delta P_l}{4\eta l}(2r\delta + \delta^2) \tag{3.3.3}$$

进一步，假设速率分布曲线在微小孔隙中呈线性分布，如图 3.3.1 所示，于是略去二次小量后可以计算得到通过孔隙截面的总流量 q：

$$q = \frac{\rho\delta r}{2\eta}A(r)\frac{\Delta P_l}{l} \tag{3.3.4}$$

式中，$A(r)$ 为孔隙截面积。

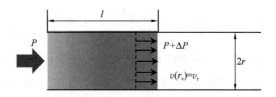

图 3.3.1　滑移条件下假设速率分布示意图

进一步假设一种简单的毛细管束模型，不同的毛细管之间无相互连通，于是可以通过将所有的毛细管积分得到总的流量 Q：

$$Q = \int_0^{r_{\mathrm{c}}} \frac{\rho\delta r}{2\eta}\mathrm{d}\Omega_{\mathrm{a}}\frac{\Delta P_l}{l} \tag{3.3.5}$$

于是，可以得到平均渗透系数为：

$$K_l = \frac{\rho\delta}{2\eta}\left(\int_0^{r_c} r\mathrm{d}\Omega_a\right) \tag{3.3.6}$$

这里，Ω_a 表示在任意垂直于流动方向的截面上的孔隙分布函数，并满足下式：

$$\mathrm{d}\Omega_a = \frac{\mathrm{d}V}{n}\phi \tag{3.3.7}$$

于是，可以得到简单毛细管束模型下的非饱和液态水渗透系数公式：

$$K_l = \frac{\rho\delta\phi}{2\eta n}\left(\int_0^{r_c} r\mathrm{d}V\right) \tag{3.3.8}$$

下面，进一步考虑每个不同大小孔隙之间的互相连通，如图 3.1.3 所示。孔隙 a 和孔隙 b 的连通概率可以表示为 $\mathrm{d}\Omega_a\mathrm{d}\Omega_b$，孔隙 a 和 b 的平均渗透性正比于两孔隙的平均半径，于是可以得到连通毛细管模型假设下的流量 Q 和渗透系数 K_l'：

$$Q = \int\int_0^{r_c} \frac{\rho\delta}{2\eta}\left(\frac{r_a+r_b}{2}\right)\mathrm{d}\Omega_a\mathrm{d}\Omega_b\frac{\Delta P_l}{l} \tag{3.3.9}$$

$$K_l' = \frac{\rho\delta}{2\eta}\left(\int_0^{r_c} r\mathrm{d}\Omega_a\right)\left(\int_0^{r_c} r\mathrm{d}\Omega_b\right) = \frac{\rho\delta\phi^2 S}{2\eta n^2}\left(\int_0^{r_c} r\mathrm{d}V\right) \tag{3.3.10}$$

进一步，考虑式（3.2.4）给出的滑移长度的表达式，该式基于学者 Cui，通过微孔道中的试验结果，将剪切速率 $\dot{\gamma}$ 表达为：

$$\dot{\gamma} = \frac{DP}{4\eta L} \tag{3.3.11}$$

式中，D 为微孔直径；P 为孔道两端的压力差；L 为孔道长度。于是微孔中的滑移长度表示为：

$$\delta = 0.06 \cdot \left(\frac{DP}{4\eta L}\right)^{0.5} \cdot 10^{-9} \tag{3.3.12}$$

在本研究中针对水泥基材料中的非饱和孔隙，其中的滑移长度采用如下形式：

$$\delta = 0.06 \cdot \left(\frac{r_c}{2\eta}\frac{\Delta P_l}{l}\right)^{0.5} \cdot 10^{-9} \tag{3.3.13}$$

这里，$\Delta P_l/l$ 为毛细压力梯度，该梯度随着饱和度的增加和水分的分散而减小，用于表征气液界面的减小效应。这里采用临界半径 r_c 而不是单个孔隙半径，这是因为本研究中假设孔隙中的液态水的速率由气液界面处接触线的移动速率决定，而在界面处的半径恰好为临界半径 r_c 的大小。随着渗吸过程的进行，饱和度逐渐增加，总毛细管势随之减少，气液界面数也是减少的，这意味着在给定某一含水量时，单位体积中的毛细管力会由于孔隙半径的不同而产生不同数量的毛细管力，如图 3.1.2 所示，因此式（3.3.13）同时包含了孔隙半径和压力势的变化，用以描述单位体积材料中（RVE）毛细力的总效应。

由以上分析可知，式（3.3.8）和式（3.3.10）反映了界面的减少、滑移速率以及孔隙网络的阻碍效应，所有这些影响共同取决于式（3.3.13）表示的滑移长度，该式在渗透系数和水分压力梯度之间建立了直接的联系，并揭示了模型的基本机制和作用原理。综上，在传统的哈根-泊肃叶方程中，非饱和渗透系数是液态水含量 θ 的函数，而在边界滑移假设下，渗透系数表示为液态水含量和毛细力的函数 $K_l(\theta, \nabla P_l)$。如图 3.3.2 所示，在该模型中滑移效应对毛细孔中液态水流速具有决定性的作用，因而对渗透系数也具有决定性的作用。该滑移效应通过滑移长度来表征，并可进一步通过含水量和毛细压力梯度计算。因此从本质上而言，该公式说明了非饱和渗透系数不仅受到含水量的影响，实际上也受到压力的影响。

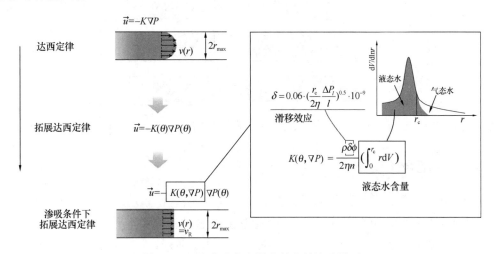

图 3.3.2　考虑液态水滑移效应的渗透模型

另一方面，上述基于简单毛管模型以及连通毛细管模型的渗透系数，只是简单假设了孔隙在空间上的均匀随机分布，并未考虑实际水泥基材料中可能存在的离析通道和界面层的影响，以及实际孔隙连通和分布与计算值之间的差别。因此，还需引入偏差系数 ε 来表征上述非理想条件的影响，如下：

$$K_l = \varepsilon \frac{\rho\delta\phi}{2\eta n}\left(\int_0^{r_c} r\mathrm{d}V\right) \tag{3.3.14}$$

$$K'_l = \varepsilon \frac{\rho\delta\phi^2 S}{2\eta n^2}\left(\int_0^{r_c} r\mathrm{d}V\right) \tag{3.3.15}$$

3.4　水工混凝土无压渗吸计算模型的验证

3.4.1　试验的研究参数

为了研究含水状态对水泥基材料中水分传输能力的影响，试验选择水灰比、骨料含量（砂率）和养护湿度作为研究参数，如图 3.4.1 所示。

（1）不同的水灰比改变水泥基材料中净浆体系的孔隙率和孔径分布，并进一步影响水分在不同大小孔隙中的存在与分布状态，从而影响了水分的传输能力；

（2）通过改变养护环境的湿度控制试件初始渗吸时的含水量，不同的初始含水量会改变水泥基材料的非饱和渗透系数；

（3）试验通过改变砂率，从而改变总孔隙率的大小及其连通性能，进而研究砂率对水泥基材料在无压状态下的渗吸影响。

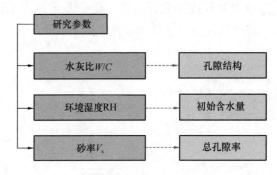

图 3.4.1　试验的研究参数

3.4.2　砂浆配合比设计

本研究中在配制砂浆时使用的材料包括：

（1）普通硅酸盐水泥 P•O 42.5R，其化学组成如表 3.4.1 所示；

（2）ISO 679:2009 标准砂，其粒径分布如图 3.4.2 所示；

（3）普通自来水，无减水剂。

采用的配合比如表 3.4.2 所示。

普通硅酸盐水泥化学成分表　　　　　　　　　　　表 3.4.1

成分	C_3A	C_3S	C_4AF	C_2S	$CaSO_4$
质量含量（%）	8.8	49.7	9.4	23.9	3.4

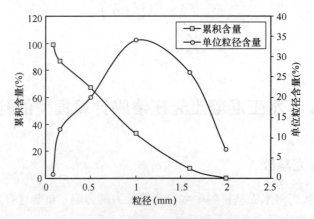

图 3.4.2　试验用标准砂粒径分布

试验配合比设计　　　　　　　　　　　　　　　　　　　　　表 3.4.2

试件形状	编号	水灰比	水泥 (kg/m³)	水 (kg/m³)	砂 (kg/m³)	骨料体积含量 (%)
立方体	1	0.35	1015	355	832	32
	2	0.35	899	315	1032	40
	3	0.35	749	262	1290	50
	4	0.40	944	378	832	32
	5	0.40	836	334	1032	40
	6	0.40	697	279	1290	50
	7	0.50	832	416	832	32
	8	0.50	734	367	1032	40
	9	0.50	612	306	1290	50

3.4.3　试验过程设计

试验的基本思路是通过控制水灰比和砂率得到不同的试件，通过干燥去除水分，在不同的湿度环境下养护后，得到不同的初始含水状态，密封养护使得湿度平衡。在试件渗吸过程完成后，将试件完全饱和，并称量质量获得饱和含水量，并取样进行压汞（MIP）试验测量孔隙结构。试验中共设置了 36 种工况，不同的工况如图 3.4.3 所示，每个点代表一种工况，共 108 个试件。

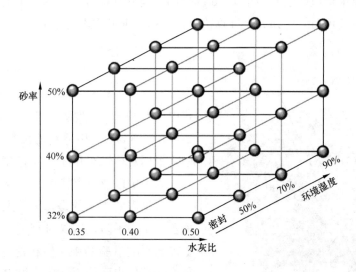

图 3.4.3　工况设计

试验采用的砂浆试件尺寸为 70mm×70mm×70mm。浇筑后密封养护 1d，然后放置在温度为 22±2℃，湿度为 95％的养护箱中养护 13d，随后在 70℃温度下干燥 10d，使得试件完全干燥。在干燥过程中，每隔 24h 测量一次试件质量。当相邻两次测量值小于

0.1g 时，认为试件已经完全干燥。干燥结束后，将试件分别放置在不同湿度条件下养护，其中 0% 湿度代表密封养护条件。每种工况下共有 3 块试件，养护 14d 以后，将所有的试件放置于塑封袋中，继续密封养护 16d 使得内部养护湿度平衡。

湿度平衡后，开始进行渗吸试验。试验参考 ASTM C1585 标准，将试件侧面用玻璃胶密封，上表面用塑料膜覆盖减少蒸发，并放置于储水容器中，底部用两根玻璃棒支撑；然后，加水到水面没过试件底部 3mm，使得试件仅仅通过底部吸水。实际试验中，水面高度控制在 3mm 至 1cm 之间，此时的水头对于渗吸过程影响很小，以半径为 1 μm 的孔隙为例，其中的毛细张力相当于 14.4m 的水头，因此外界 1cm 以下的水头变动对于吸水过程的影响可以忽略。在吸水过程中设置不同的时间点测量试件的总质量，从吸水开始时计算，其时间间隔分别为 0～60min、2～6h、1～9d。吸水结束后，将试件浸没在水中直到饱和，并称量质量得到饱和含水量。

3.5　无压渗透模型的验证

为了验证本书所提出的非饱和渗透模型在无压条件下的有效性，本书将对课题试验以及学者 Belleghem 等、Neithlath 等、Martys 等、Castro 等和 Park 等的试验进行模拟。

3.5.1　短期渗吸试验模拟

首先对课题渗吸试验进行模拟，以验证考虑滑移效应的渗透模型在模拟短期快速吸水时的效果，本书中将短期定义为小于 1d 的时间。建立如图 3.5.1 所示的有限元模型，模型尺寸为 70mm×35mm×35mm，计算边界条件用一维形式表达为下式：

$$\begin{cases} z=0, t>0, \theta=\theta_s \\ z\geqslant 0, t=0, \theta=\theta_i \\ z\to\infty, t>0, \theta=\theta_i \end{cases} \quad (3.5.1)$$

式中，θ_s 和 θ_i 分别为饱和含水量和初始含水量；z 为图 3.5.1 中所示的位置坐标。在 FEM 中，根据对称性采用了 1/4 模型，饱和边界在图 3.5.1 中以蓝色点标识。

这里需要指出的是，试件上表面用塑料膜覆盖，是为了防止试验时有可能有液态水溅到上表面影响试验结果，但和密封条件不同，塑料膜和试件表面并不是紧密贴合的，中间存在空气，且表面边缘塑料膜是敞开的并未密封，因此上表面边界依然能和外界空气进行温湿度的交换。于是，在进行数值分析时，该边界和自由边界条件相同，并设置为试验条件下空气

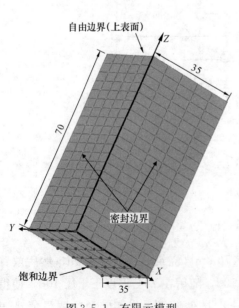

图 3.5.1　有限元模型

中的实际温度和湿度的数值。在 DuCOM 模拟系统中，使用水化热模型计算每个有限单元处的微观孔隙结构，以及在养护温湿度边界条件下的湿度平衡状态。在这一阶段，液态水渗透模型基本不影响湿度计算结果，因为此时的主要传输为水分扩散，水分的对流效应并不起主导作用。

　　计算得到的渗吸试验开始前的试件饱和度计算值和试验值的对比结果如图 3.5.2 所示。试件计算孔隙率和试验值对比结果如图 3.5.3 所示。可以看到，计算结果和试验值基本近似或相等。在此基础上，进一步利用考虑滑移效应的渗透模型计算渗吸过程。

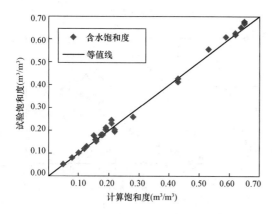 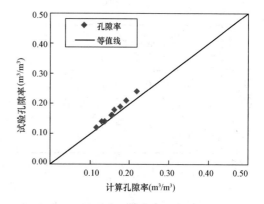

图 3.5.2　试件饱和度计算值和试验值对比　　　图 3.5.3　试件孔隙率计算值和试验值对比

　　图 3.5.4 给出了使用式（3.3.14）和式（3.3.15）模拟渗吸试验的结果，这里给出了整个吸水周期的模拟结果，本节主要关注 1d（1440min）内的模拟效果。可以看到，式（3.3.14）代表的简单毛细管束模型，"quasi-single-$\varepsilon=1.0$"，高估了 RH＝0％和70％的结果，此时公式中的 $\varepsilon=1.0$，如果将 ε 值减小则可以将计算曲线和试验值吻合，然而这并不符合逻辑；而式（3.3.15）代表的连通毛细管模型结果，"quasi-network-$\varepsilon=2.0$"，其中 $\varepsilon=2.0$ 可以通过孔隙的连通效应解释，因为式（3.3.15）理论上应给出渗吸曲线的下边界值。这里需要格外关注吸水开始的状态，在吸水初始，考虑滑移效应的模型有效地模拟出了快速吸水过程，这是因为在模型公式中加入了由水分梯度决定的滑移项和参考模型 DuCOM，以及 1.2 节中给出的其他模型相比，模拟结果更加接近试验值（从图 1.2.4 中可以看出，参考模型的趋势和试验值差别较大）。这里有必要指出的是，在图 3.5.4 的计算结果中，DuCOM 的计算结果在大约 100min 后才开始明显增加。这是因为根据 DuCOM 采用的公式（3.1.9），渗透系数仅仅和含水量呈正相关，当刚开始渗吸时，由于每个计算单元的含水量度都很小，因而此时计算得到的渗透系数的值也很小，因此几乎看不出水量的增大，这正是 DuCOM 模型无法模拟吸水起初的快速吸水现象的原因。而对于长期吸水而言，需要进一步考虑偏差系数 ε 的作用，而 ε 对于前期的快速吸水影响很小，如 3.4.3 节所述。因此，模型可以较好地模拟水泥基材料在不同湿度条件下的渗吸过程。

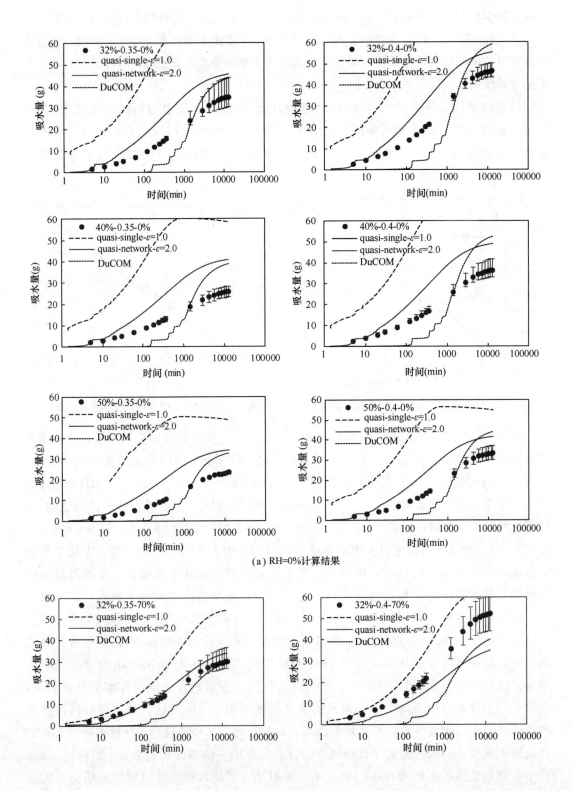

(a) RH=0%计算结果

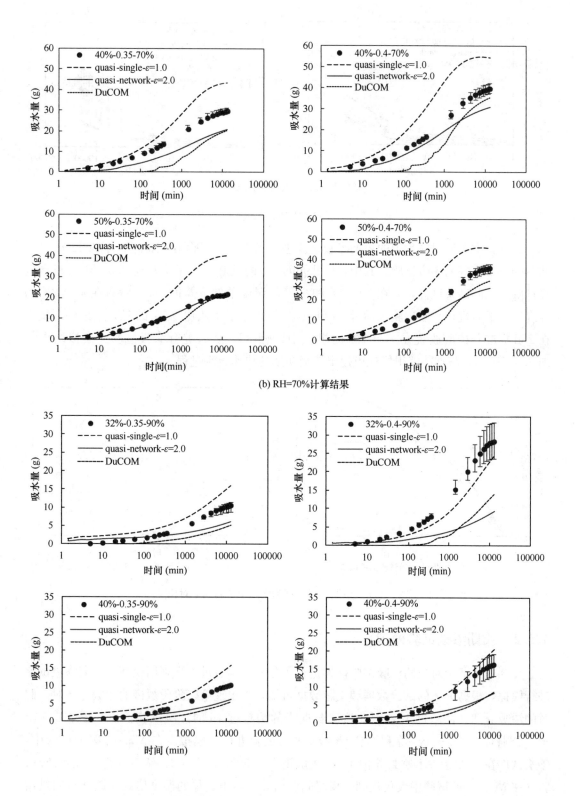

(b) RH=70%计算结果

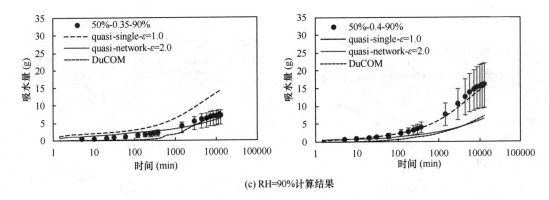

(c) RH=90%计算结果

图 3.5.4　短期渗吸计算和试验结果对比

此外，本书还对文献中的短期渗吸试验进行了模拟，试验结果来自学者 Belleghem 等和 Neithalath 等的渗吸试验。其中，Belleghem 等的试验采用了水灰比 0.5，细骨料含量 1515kg/m³ 的砂浆试件，并在 20±2℃和 95％的湿度条件下养护 28d，然后在 40±2℃的温度下烘干后进行渗吸试验。学者 Neithalath 等采用了水灰比 0.37 的混凝土试件，试件在 28d 标准养护后放置在 70±2℃的烘箱中干燥 3d，然后进行渗吸试验。模拟结果如图 3.5.5所示，基本能够很好地模拟出渗吸初期的快速吸水过程。

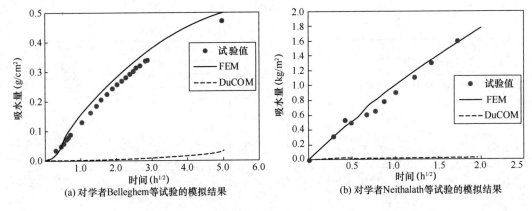

(a) 对学者Belleghem等试验的模拟结果　　(b) 对学者Neithalath等试验的模拟结果

图 3.5.5　短期渗吸计算和文献中试验结果对比

3.5.2　长期渗吸试验模拟

在 3.4.1 节中对短期渗吸试验模拟进行了分析，本节进一步利用模型对长期渗吸试验进行模拟，根据上述的试验数据和文献数据可知，当出现第二阶段缓慢的渗吸速率时，此时的渗吸时间往往超过 1d，因此这里长期指的是超过 1d 的渗吸试验。如下图 3.5.6 所示，分别对学者 Martys 等和学者 Castro 等的试验进行了模拟。在 Martys 等的试验中，砂浆试件在 20℃条件下密封养护 1d 后在烘箱中以 50℃干燥 20d，然后进行 8d 的渗吸试验（在 Martys 的试验中仅仅提到干燥时间然而并未给出具体的湿度信息，因此按照烘箱中通常 RH＝15％左右来计算，另外其水泥成分按照表 3.4.1 中普通硅酸盐水泥来计算）。

在 Castro 等的试验中，首先将砂浆试件密封养护 28d，然后在（80±1）％的湿度和 23±1℃ 的条件下养护 14 个月，然后进行 8d 的渗吸试验。图 3.5.6 给出了模拟结果，可以看到模型对于试件的渗吸过程模拟得很好，特别是对于 Castro 的试件模拟，能很好地区别出不同水灰比在吸水量上的变化。

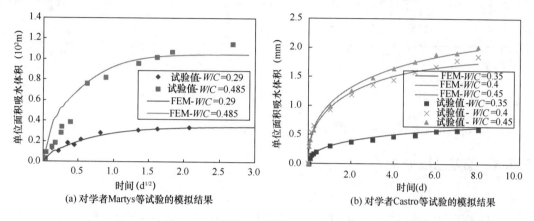

(a) 对学者 Martys 等试验的模拟结果　　(b) 对学者 Castro 等试验的模拟结果

图 3.5.6　长期渗吸计算和试验结果对比

图 3.5.7 给出了 10000min 时的计算吸水量和试验值的对比，其中计算吸水量采用的是图 3.5.4 中连通毛细管模型 ε＝2.0 时的结果。总体来看，计算结果显示湿度越大，吸水量越小，符合试验结果的一般趋势。另外，在几个试验点处 70％的吸水量比 0％的吸水量稍高，这是由于在某些条件下，特别是在极端干燥的情况下，部分空气会由于圈闭作用而被隔离在微纳孔隙中，另外在极端干燥条件下水分和孔隙接触的动态接触角也可能发生

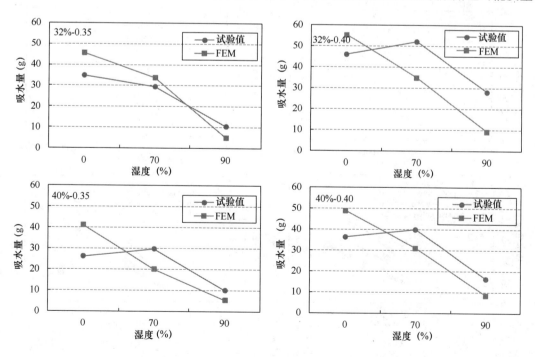

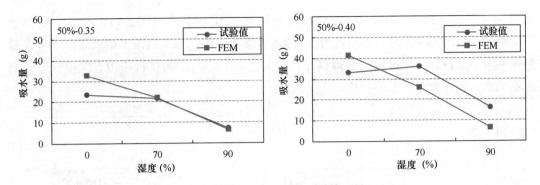

图 3.5.7　10000min 计算吸水量和试验值对比

变化，其具体作用机制将在将来的研究中进一步探讨。

3.5.3　偏差系数分析

（1）常偏差系数

常偏差系数的适用性进一步通过图 3.5.8 反映。这里采用了连通毛细管模型模拟渗吸过程，在此基础上偏差系数 ε 分别设置为 1.0、2.0 和 10。总体来看，较小湿度的情况需要一个较小的 ε 值，而随着湿度的增大，渗吸过程对偏差系数的敏感性逐渐降低，这是因为在高饱和度条件下，砂浆中存在的通道已经被水分占据了一定的体积，减少了水分传输过程中的随机通道。

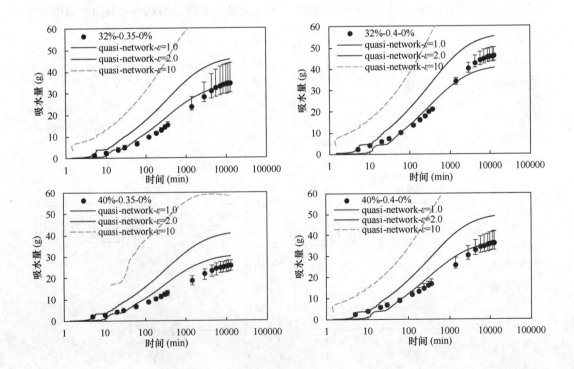

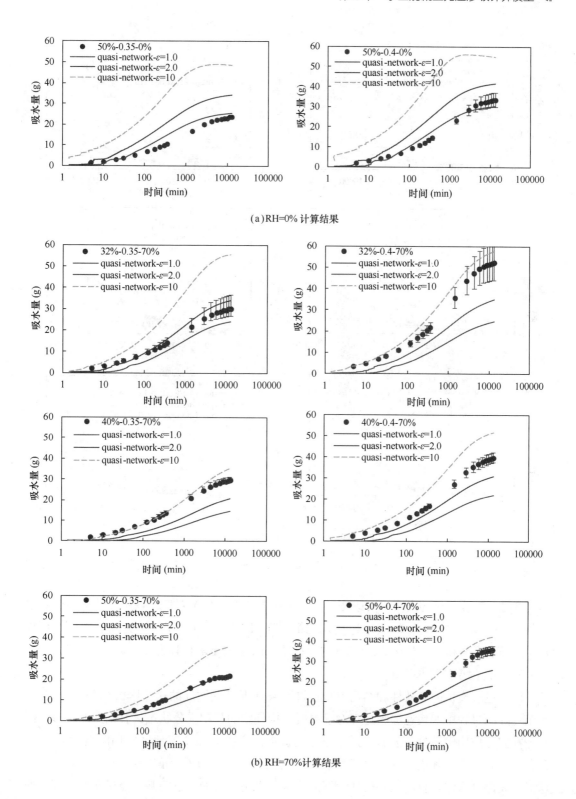

（a）RH=0% 计算结果

（b）RH=70% 计算结果

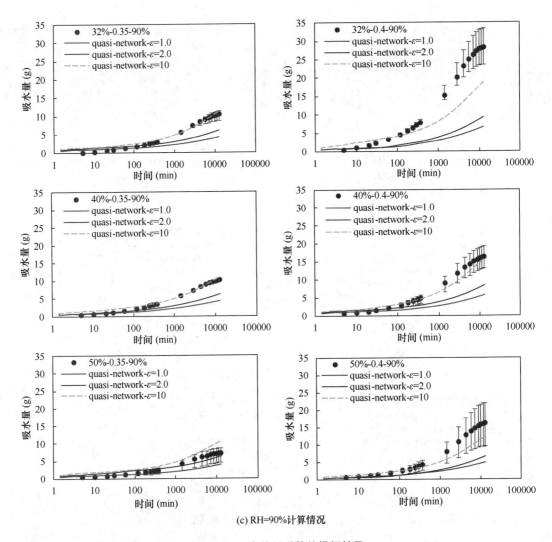

(c) RH=90%计算情况

图 3.5.8　常偏差系数的模拟结果

　　此外，改变 ε 值的大小主要改变计算值和试验值之间的绝对偏差，这种效应在渗吸过程的第二阶段（具有更小的吸水速率）比第一阶段（500～1000min）更加显著，这可以从 ε 值等于 1.0 和 2.0 时从 RH=0% 的模拟结果以及 ε 值等于 1.0、2.0 和 10 时从 RH=70% 和 90% 的模拟结果看出。

　　渗吸过程模拟的有效性和结构本身在自然条件下干湿循环的过程紧密相关。事实上，季节性降雨过程中的快速渗吸过程对于混凝土构件中的长期水分状态具有剧烈的影响。因此，在实际应用中模型一般需要适用于年均湿度的条件，在东亚地区年均湿度为 60%～70%。因此，在实际应用中，对于混凝土结构的干湿循环计算，偏差系数可以取为 2.0，这对于大部分水泥基材料在一般环境下的快速吸水是有效的，也能基本描述自然条件下的整个吸水过程。

（2）动态偏差系数

在以上拟静态平衡的分析中，常偏差系数能够在一定程度上用于水分梯度模型，下面进一步考虑动态水分平衡条件下的偏差系数。

当饱和度为 0 时，所有的孔隙通道都处于无水状态，当孔隙刚暴露于液态水时，大孔隙中很有可能吸入部分液态水，随后水分从大孔扩散到小孔中；水分从大孔进入到小孔中的重分布速率可以根据 Washburn 公式计算，该速率很快，因为其发生的原位空间尺寸很小。由于该过程发生得很快而且十分不稳定，因此可以显著地加速水分在孔隙通道中的传输速度。而当饱和度很大时，许多小孔隙已经充满了水分，这种加速效果将趋于 0，直到所有的孔隙被液态水充满。于是，常偏差系数可以被看作是这种动态平衡过程中的一种恒定加速效果。这里进一步给出一个简单的热力学公式，认为非稳态加速效果和孔隙分布密度正相关，该分布密度满足瑞利-瑞兹分布（Rayleigh-Ritz Distribution）：

$$\frac{\mathrm{d}V}{\mathrm{d}\ln r} = Br\,\mathrm{e}^{-Br} \tag{3.5.2}$$

式中，B 为孔隙结构参数，表示孔隙分布函数峰值对应的孔隙半径倒数。

另一方面，饱和度可以表示为：

$$S = 1 - \mathrm{e}^{-Br} \tag{3.5.3}$$

于是，孔隙密度函数可以用饱和度 S 表示为：

$$\frac{\mathrm{d}V}{\mathrm{d}\ln r} = (S-1)\ln(1-S) \tag{3.5.4}$$

在此基础上，将偏差系数表示为：

$$\varepsilon = 1 + \lambda\frac{\mathrm{d}V}{\mathrm{d}\ln r} \tag{3.5.5}$$

因此，当饱和度为 0 或 1 时偏差系数为 1，并随着水分侵入孔隙的过程变化，这里采用了自然对数和常数 $\lambda = 4.0$ 来对试验进行模拟。动态平衡过程由式（3.5.5）中的第二项表征，即水分从大孔隙转移到小孔隙中的效率。从图 3.5.9 可以看到，动态形式的偏差系数 "dynamic-network" 对于湿润试件的模拟效果很好，特别是在接近一般环境平均湿度 70% 左右的条件下。

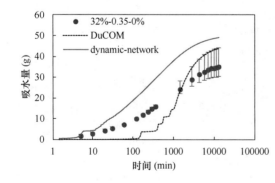 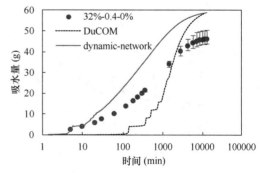

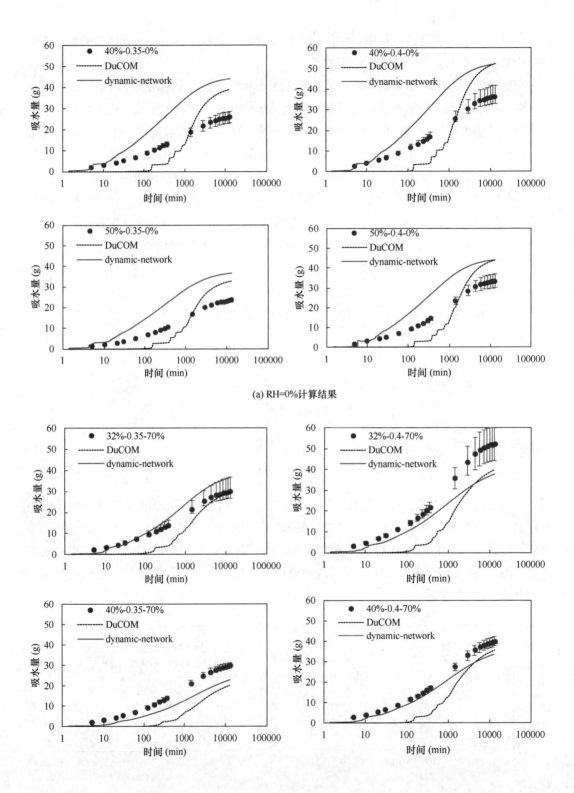

(a) RH=0%计算结果

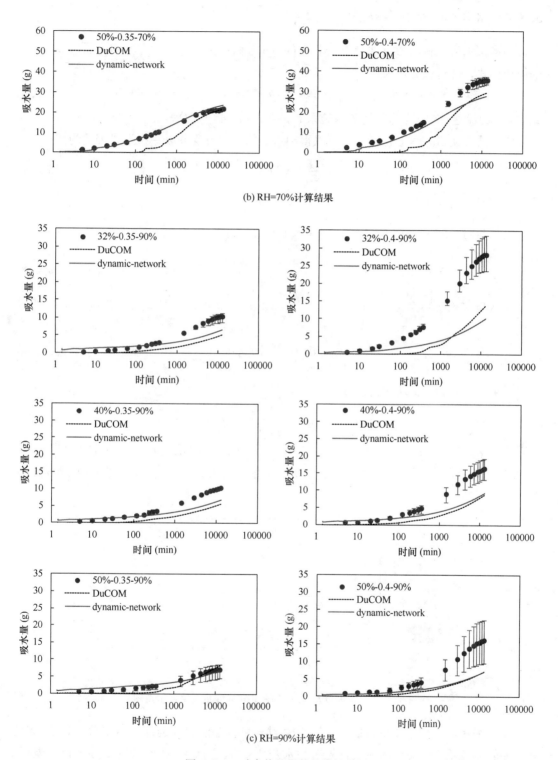

(b) RH=70%计算结果

(c) RH=90%计算结果

图 3.5.9　动态偏差系数的模拟结果

3.5.4 水分的时空分布验证

在模拟水泥基材料渗吸试验中，学者 Goual 等假设了一种描述非饱和流通过多孔介质的简单形式，并可以表示为：

$$u = -K(\theta_w) \nabla P \qquad (3.5.6)$$

式中，u 为流速；$K(\theta_w)$ 为非饱和渗透系数；θ_w 为归一化的含水量。

将上式和质量守恒方程联立，可以得到水分的流动方程并以一维形式表达为：

$$\frac{\partial \theta_w}{\partial t} = \frac{\partial}{\partial x}\left[K(\theta_w) \frac{\partial P}{\partial \theta_w} \frac{\partial \theta_w}{\partial x} \right] \qquad (3.5.7)$$

式中，x 为一维空间坐标。

进一步将公式 $D = K(\theta_w)\dfrac{\partial P}{\partial \theta_w}$，代入上式可以得到：

$$\frac{\partial \theta_w}{\partial t} = \frac{\partial}{\partial x}\left(D \frac{\partial \theta_w}{\partial x} \right) \qquad (3.5.8)$$

引入玻尔兹曼转换变量（Boltzmann's transform variable）$b = x/\sqrt{t}$，式 (3.5.8) 变换为：

$$-\frac{b}{2}\left(\frac{d\theta_w}{db} \right) = \frac{d}{db}\left(D \frac{d\theta_w}{db} \right) \qquad (3.5.9)$$

积分后，可以得到 D 的表达式为：

$$D = -\frac{1}{2} \frac{1}{(d\theta_w/db)_\theta} \int_0^\theta b\, d\theta_w \qquad (3.5.10)$$

上式表明，水力扩散系数 D 可以基于含水量和玻尔兹曼转换变量计算得到，如图 3.5.10所示，式 (3.5.10) 中的积分项即为曲线 $\theta_w = \theta(b)$ 和 θ_w 轴在 0 到 θ 之间围成的面积。

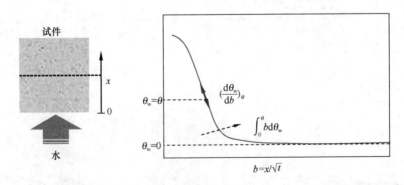

图 3.5.10　含水量 θ_w 和玻尔兹曼转换变量 b 关系示意图

本书采用非饱和渗透系数模型（渗吸模型）和参考模型分别计算了水分含量 θ_w 和玻尔兹曼转换变量 b 的关系曲线。首先对一水灰比 0.5，养护湿度 60% 的试件进行了模拟，计算中沿高度方向将试件分割为 5 份，分别为 0～11mm、11～22mm、22～33mm、33～44mm 和 44～55mm，其含水分布曲线如图 3.5.11 和图 3.5.12 所示。

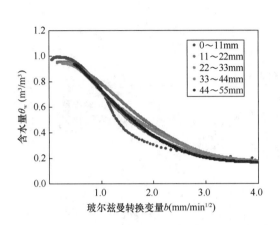

图 3.5.11　渗吸模型 θ_w-b 关系
计算结果（0.5-60%）

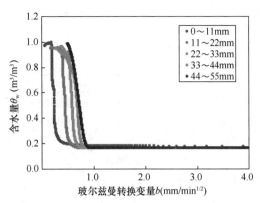

图 3.5.12　参考模型 θ_w-b 关系
计算结果（0.5-60%）

由式（3.5.10）可知，水力扩散系数 D 在数学上实际上是含水量的单值函数，而和位置 x 基本无关。可以看到渗吸模型和参考模型的计算结果却呈现出了不同的形态，这是因为两个模型都考虑了吉布斯自由能在不同热力学状态下的变化速率，该效应类似于结构动力学中的惯性效应。由于在试件表面存在最高的水分改变速率，其表层分布曲线相对于平均状态存在偏移，这种现象也在其学者的试验中可以看到，如图 3.5.13 所示。

从图 3.5.11 和图 3.5.12 可以看出，非饱和渗透模型计算出的不同高度试件单元的 θ_w-b 关系曲线比参考模型的结果更加集中，这意味着非饱和渗透模型在宏观上更加接近水分的固有渗透系数，进一步说明该模型体现了水泥基材料渗透系数的固有特征。图 3.5.14 给出了模型模拟学者 Park 等的结果，可以看到非饱和渗透系数模型相比较参考模型有了很大的提升，展现出非常好的对于水分时空分布的计算效果。

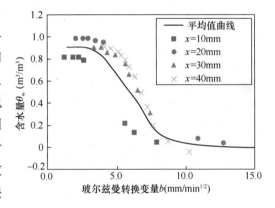

图 3.5.13　θ_w-b 关系试验结果

如前所述，含水量对于渗透系数大小的影响程度和吉布斯自由能体现的热力学惯性效应紧密相关。下面进一步对吉布斯自由能的敏感性进行分析，自由能 G_e 的计算公式为：

$$\begin{cases} G_e = G_{\max} h_d \\ h_d'' + \left(\dfrac{1+\eta''}{\eta} \right) h_d = \dfrac{h}{\eta} \\ \eta = a(1 + b h_d^2) \\ a = \left(1.59 \dfrac{\phi - \phi_{cp}}{\phi_{cp}} + 0.70 \right)^5 \\ b = 2.5a \end{cases} \quad (3.5.11)$$

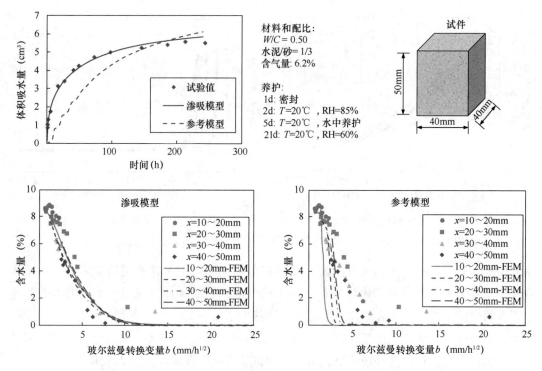

图 3.5.14 θ_w-b 关系计算结果（试验来自 Park 等）

式中，G_{max} 为最大自由能；h_d 为延迟孔隙湿度。

图 3.5.15 给出了采用参考模型在不同自由能的条件下的计算结果，对于一般情况下的混凝土材料，G_{max} 的标准值为 3000kcal/mol，自由能越小，参考模型的计算吸水量在吸水开始时效果越好，然而后期则明显偏快，因此其计算结果随时间的变化趋势依然不能体现试验值的变化规律，而渗吸模型却能很好地体现了吸水量随时间的变化。以上的分析进一步验证了非饱和渗透系数模型对于反映水泥基材料固有渗透性质的有效性。

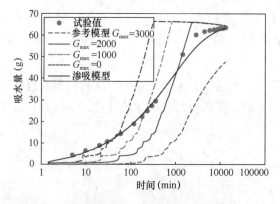

图 3.5.15 渗吸过程吉布斯自由能的敏感性分析

3.5.5　计算吸水率分析

为进一步检验模型的合理性，进一步比较课题试验中的吸水率和计算吸水率的吻合度。这里采用归一化吸水率 S_r 的形式，计算方式为：

$$S_r = \frac{\theta - \theta_i}{\theta_s - \theta_i} \tag{3.5.12}$$

S_r 代表了变化吸水量占总吸水量的比值，该形式可以避免吸水量绝对值对于吸水率的影响，有助于比较不同条件下的相对吸水速率。从图 3.5.16 可以看出，对于第 1 阶段吸水率和第 2 阶段吸水率，计算值和试验值基本处于等值线附近，说明模型对于试验吸水率具有较好的预测能力，其中计算值和试验值偏差较大的点仅为 RH ＝ 0％ 条件下的第 1 阶段吸水率，此时计算值比试验值大约为 $0.01\ \mathrm{min}^{-1/2}$。在这种情况下，还需要进一步考虑其他因素的影响。另一方面，从实用性的角度来看，若是对于极端干燥的条件，可以采用设置ε＝1 的方式计算，其他一般情况仍采用动态 ε 值计算，因此总体而言模型能够较好地预测试件的吸水率以对材料的渗透性作出评价。

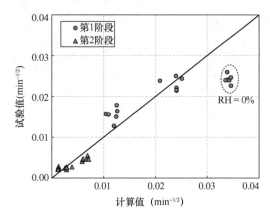

图 3.5.16　计算吸水率和试验吸水率对比

第 4 章

水工混凝土有压渗透
计算模型

4.1　非饱和砂浆有压渗透试验研究

4.1.1　试验方案设计

试验中采用的材料为：

（1）P·O 42.5R 普通硅酸盐水泥，细度 $338m^2/kg$，密度 $3150kg/m^3$，化学组成如表 4.1.1所示；

（2）ISO 679:2009 标准砂，干密度 $2580kg/m^3$，并在 $105\pm5℃$ 条件下烘 24h，并冷却到室温 $20\pm1℃$；

（3）普通自来水。

水泥化学成分表　　　　　　　　　　　　　表 4.1.1

成分	C_3A	C_3S	C_4AF	C_2S	$CaSO_4$
质量含量（%）	6.3	32.9	12.7	39.0	5.2

试验中浇筑了不同水灰比、细骨料含量和龄期的砂浆试件，配合比信息如表 4.1.2 所示。

砂浆试件配合比信息　　　　　　　　　　　表 4.1.2

组别	W/C	细骨料-水泥质量比	养护时间（d）
1	0.567	3.74	14
2	0.647	3.97	14
3	0.647	3.97	28
4	0.750	4.22	14
5	0.750	4.22	28
6	0.867	4.50	14
7	0.867	4.50	28
8	0.760	3.97	14
9	0.760	3.97	21
10	0.760	3.97	28
11	0.760	3.97	35
12	0.760	3.97	56
13	0.567	3.74	14
14	0.680	3.74	14
15	0.680	3.74	56
16	0.750	4.22	14
17	0.750	4.22	28
18	0.760	4.22	14
19	0.760	4.22	28
20	0.760	4.22	56
21	0.866	4.50	28
22	0.866	4.50	28

抗渗试验根据《普通混凝土长期性能和耐久性能试验方法标准》GB/T 50082—2009进行，每组 6 个试件，初始加压 0.1MPa，并以 0.1MPa/h 的速率加压，当第三个试块上表面出现水迹时认为试块已经渗透，此时对应的压强值为该组试件对应的抗渗压强。

4.1.2　试验结果分析

通过上述抗渗试验得到了如图 4.1.1 所示的砂浆试件的抗渗压强试验值，图中 W/C

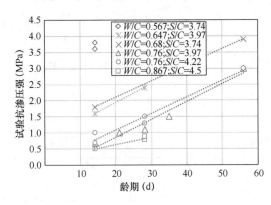

图 4.1.1　抗渗压强试验值

表示水灰比，S/C 表示细骨料和水泥的质量比，给出了不同配比和龄期条件下的结果。从图中可以看出，对于某一配比，抗渗压强和试件龄期正相关；且水灰比越大，抗渗压强也倾向于增大；一方面这是因为随着龄期的增长水化度增加，龄期增长和水灰比减小导致孔隙率减小，进一步使得砂浆试件更加密实，因而其抗渗性能增加。另一方面可以看到在 28d 之后，抗渗压强的大小仍有明显增长，而通过表 4.1.3 可

知，28d 后，孔隙结构本身已经几乎不变，这就意味着，影响抗渗压强的大小的因素除了净浆孔隙结构外，还有其他因素在 28d 后发生改变。本研究认为造成 28d 后抗渗压强增长的主要因素为 ITZ 层的变化，将在下一节中具体阐述。

不同龄期净浆体系孔隙结构参数 （$W/C=0.76$）　　　　　　　　　表 4.1.3

W/C	抗渗压强 (MPa)	龄期 (d)	孔隙率	毛细孔隙率	凝胶孔隙率	毛细峰值孔径 (m)	凝胶峰值孔径 (m)	毛细孔比表面积 (m^{-1})	凝胶孔比表面积 (m^{-1})
0.76	1.1	28	44.60%	35.3%	9.3%	5.35E−07	1.49E−08	2.22E+07	3.24E+08
0.76	1.5	35	44.47%	35.1%	9.4%	5.29E−07	1.49E−08	2.24E+07	3.24E+08
0.76	3	56	44.33%	34.9%	9.5%	5.24E−07	1.49E−08	2.26E+07	3.24E+08

4.2　考虑界面层效应的有压渗透模型的开发

为了确定界面层效应在有压渗透过程中的作用，本研究将在分析水泥基三维结构的基础上，进一步研究界面层对于水泥基材料孔隙连通性的影响，提出量化界面层效应的分析模型和数值模型。

4.2.1　水泥基材料中的三维孔隙结构

图 4.2.1 给出了水泥基材料微观孔隙结构的三个特征，分别为阻塞率 γ（constrictivity)、连通度 δ（connectivity）和曲折度 τ（tortuosity）。阻塞率表示孔隙半径的改变，连通度表示含有液态水的孔隙体积占总孔隙体积的比例，曲折度表示由于孔隙通道的随机分布对渗径长度的改变。

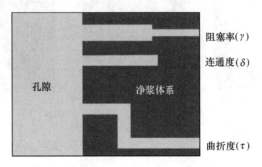

图 4.2.1　水泥基材料微观孔隙结构特征

为了进一步阐述孔隙的三维结构特征，本研究以计算机断层扫描技术（CT）和压汞技术（MIP）构建其三维孔隙结构，以获得孔隙三维结构的直观展示，其主要步骤如图 4.2.2 所示，首先利用 X 射线 CT 扫描获得的粗糙的孔隙三维结构图像，计算获得混凝土的孔径分布曲线和孔隙率，并通过调整灰度值，使得由粗糙的孔隙三维结构图像计算获得的孔径分布曲线、孔隙率分别与 MIP 测量的结果一致，最终利用调整得到的临界灰度值细化粗糙的孔隙三维结构图像，得到精细的孔隙三维结构图像。

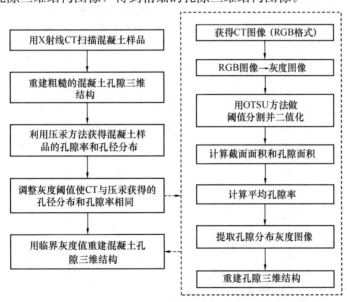

图 4.2.2　水泥基材料孔隙三维结构构建流程

具体而言，对一水灰比为 0.5 的砂浆试件进行 CT 扫描，扫描精度为 5.5 μm，获得样品 x、y、z 三个方向的截面的 RGB 图片，选择 z 方向的作为三维重建的基础，将孔隙分布图进行二值化处理，如图 4.2.3 所示；然后，将 z 方向每一层扫描图片组合为三维结构图，如图 4.2.4 所示。

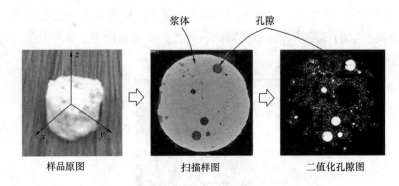

图 4.2.3　孔隙识别与分割

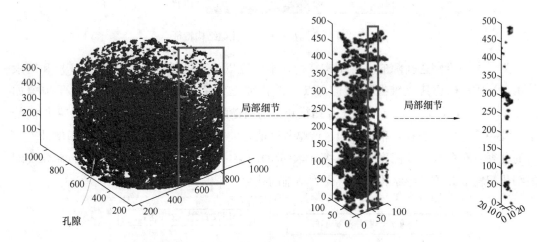

图 4.2.4　孔隙三维结构图

在扫描图像的处理过程中，当调整灰度阈值时，所获得的孔隙率也不同，图 4.2.5 给出了识别孔隙率和灰度阈值的关系，随着阈值的增大，识别孔隙率也逐渐增大。此外不同的阈值对应了不同的连通性、曲折度和阻塞率，如图 4.2.6 所示，可以更好地从微观层面解释水泥基材料孔隙结构特征。

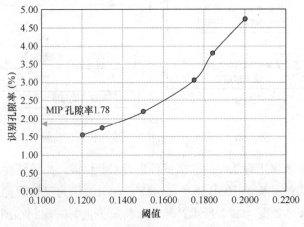

图 4.2.5　识别孔隙率和阈值的关系

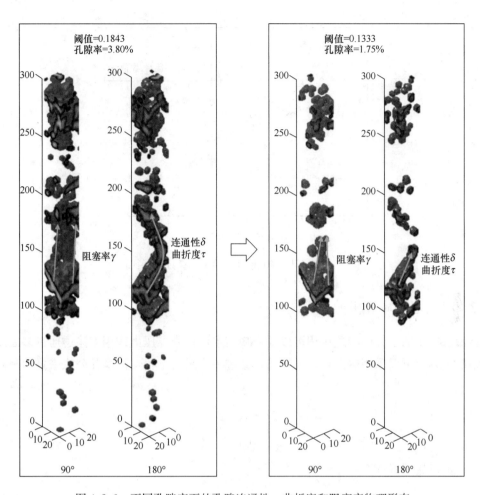

图 4.2.6　不同孔隙率下的孔隙连通性、曲折度和阻塞率物理形态

本算例中，MIP 得到在 CT 扫描精度以上的孔隙率为 1.78%，阈值调整精度为 0.0001。当阈值等于 0.1334 时，识别孔隙率为 1.82%。当阈值为 0.1333 时，识别孔隙率为 1.75%，因此确定孔隙率为 1.75% 时的值为最终值。此时，对应的孔隙分布如图 4.2.7 所示，其中 CT 图像相比 MIP 图像能包含更多的大孔隙，但总体而言两者基本表现出了十分接近的分布规律，进一步验证了图 4.2.6 中孔隙微观结构形态的合理性。

因此，通过以上 CT 扫描获得的孔隙三维结构图像可知，不同大小的孔隙率对应了孔隙不同程度的连通性、曲折度和阻塞率；另一方面也可以看到这种随着孔隙率而变化的孔隙特征难以精确量化，因此仅能从三维结构图像中获取定性的信息以作为本研究假设的基础：

（1）连通性和孔隙率正相关，可以通过相互连通的孔隙体积表征；

（2）阻塞率和孔隙率负相关，其大小和孔径的变化相关；

（3）曲折度和连通性呈负相关。

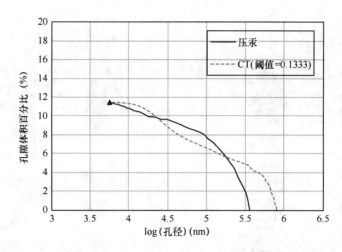

图 4.2.7　CT 扫描和 MIP 孔隙孔径分布特征

4.2.2　界面层效应分析模型

抗渗试验中的水分的渗透过程可以看作稳定水流在外界压力作用下渗透通过多尺度孔隙网络的过程，可以采用达西定律来描述，并进一步采用哈根－泊肃叶公式来描述其渗透过程：

$$Q = K \frac{\Delta P}{\mu L} \qquad (4.2.1)$$

式中，Q 为流速；ΔP 为压力差；μ 为水的黏度（$=1.0 \times 10^{-3}$ Pa·s）；L 为渗径；K 为渗透系数并可以用下式计算：

$$K = \frac{\pi r^4}{8} \qquad (4.2.2)$$

式中，r 为孔径。在渗透过程中假设毛细管束模型，则试件上下底面的压强差可以计算为：

$$\Delta P = \frac{8\mu L}{n\pi r^4} Q \qquad (4.2.3)$$

式中，n 为毛细管数；L 取为试件高度（0.03 cm）；孔径 r 可以用 DuCOM 模拟系统计算得到。

另一方面，从物理现象上来看，水流渗透的流量和试件孔隙率以及体积正相关，因此流速还可以表达为：

$$Q = \delta \phi V \qquad (4.2.4)$$

式中，ϕ 为孔隙率；V 为试件体积。

因此，结合式（4.2.3）和式（4.2.4）可以得到：

$$\Delta P = \frac{8\mu V L \delta}{n\pi r^4} \phi \qquad (4.2.5)$$

进一步考虑第 4.1.2 节中的孔隙结构参数，则式（4.2.5）可以修正为：

$$\Delta P = \frac{8\mu V L \tau \delta}{n \pi r^4 \gamma} \phi \tag{4.2.6}$$

对于 τ 的计算，一些学者直接给出了固定值为 $\sqrt{2}$ 或 $\sqrt{3}$，还有学者采用公式化的描述，结果处于 $1.0 \sim 4.0$ 之间；而 γ 值则处于 $0.01 \sim 0.75$ 之间，但是对于各种结构下的真实值目前并没有结论性的研究结果。为了有效计算压强差，将 γ 用等效孔径 r 表示，因为等效孔径采用的是平均孔径，已经是不同半径孔隙的综合表达。另外，将 τ 用等效孔径通道数 n 表达，显然更大的 τ 值会倾向于出现更大的 n 值，从而保持恒定的流动通道长度，考虑到 τ 是孔隙率 ϕ 的函数，γ 是孔隙半径 r 的函数，n 和 δ 都是 ϕ 和 r 的函数，从而可以定义一新的结构参数 $\psi(\phi, r)$ 来表示 γ、δ 和 τ 的共同作用：

$$\psi(\phi, r) = \frac{\tau \delta}{\gamma n} \tag{4.2.7}$$

于是，式（4.2.6）可以简化为：

$$\Delta P = \omega \psi \phi \tag{4.2.8}$$

式中，$\omega = 8\mu V L / \pi r^4$。

因此，式（4.2.8）表明，抗渗压强仅和内在结构孔隙率和孔径分布有关，而这些可以通过水化热和微观结构模型计算得到。结构参数 ψ 是水泥基材料的内在参数，该参数表征了孔隙结构的几何特征而和流动介质无关，尽管其真实物理意义仍有待研究，但在本研究中可以通过试验结果得出拟合公式以计算 ψ 的值。

根据学者 Maekawa 等的研究，水泥基介质中的凝胶孔和毛细孔满足 R-R 分布，并给出了孔径分布表达式：

$$\phi(r) = \phi_{lr} + \phi_{gl}(1 - e^{-B_{gl}r}) + \phi_{cp}(1 - e^{-B_{cp}r}) \tag{4.2.9}$$

式中，ϕ_{lr}、ϕ_{gl} 和 ϕ_{cp} 分别为层间孔、凝胶孔和毛细孔的孔隙率；B_{gl} 和 B_{cp} 分别为凝胶孔和毛细孔的孔径分布系数，而层间孔径为 2.8×10^{-10} m。

在计算渗透过程中，可以只考虑凝胶孔和毛细孔，层间孔可以不考虑，因此本研究将用这两种孔隙来描述结构参数 x_ψ，于是提出一特征参数 x_ψ，如式（4.2.10）所示：

$$x_\psi = \frac{r_{cp} r_{gl}}{\ln(r_{cp} / r_{gl})} \tag{4.2.10}$$

式中，r_{cp} 和 r_{gl} 分别为毛细孔和凝胶孔的等效半径。

式（4.2.7）表示的 ψ 值并不意味着连通度、曲折度和阻塞率在渗透过程中起到相同的作用，而连通度则是在稳态渗透过程中的主导因素。于是，在式（4.2.10）中，$\ln(r_{cp}/r_{gl})$ 用来表示毛细孔和凝胶孔之间的整体接近程度，并假设孔径越大，并且两种孔径越接近，则连通度越大，曲折度以及阻塞率越小，即 r_{cp} 和 r_{gl} 越大，$\ln(r_{cp}/r_{gl})$ 值越小，x_ψ 值越大。

另一个影响抗渗压强测量值的重要因素是 ITZ，对于水分和离子的渗透来说 ITZ 是一薄弱相，学者们已经给出了许多方法用于评估 ITZ 对水泥基材料中扩散和渗透作用的影响。在分析模型中，ITZ的影响将只通过龄期来定性表达，而在4.2.3节的数值模型中将进一步基于物理假设量化其影响。

水泥基试件的抗压强度和养护龄期存在着近似线性关系，原因之一为随着龄期的增长ITZ的范围逐渐减小，其孔隙逐渐减少。因此在分析模型中，认为ITZ的抵抗渗透的能力和抗压强度正相关，并用养护龄期 t 来表征，而且随着 t 的增加，等效孔隙通道 n 也是逐渐减少的，于是式（4.2.10）进一步优化为：

$$x_\psi = \frac{r_{cp} r_{gl}}{\ln(r_{cp}/r_{gl})} \ln t \tag{4.2.11}$$

在建立了特征参数 x_ψ 的基础上，结构参数 ψ 可以进一步根据试验数据拟合得到：

$$\psi = f(x_\psi) \tag{4.2.12}$$

基于以上分析可知，分析模型中只要计算孔隙半径、孔隙率以及孔隙表面积即可，这里采用了 DuCOM 系统，该系统可以计算以上提出的孔隙结构参数。基于计算结果，可以获得等效孔隙半径：

$$r_{cp} = \frac{2\phi_{cp}}{Sf_{cp}} \tag{4.2.13}$$

$$r_{gl} = \frac{2\phi_{gl}}{Sf_{gl}} \tag{4.2.14}$$

式中，Sf_{cp} 和 Sf_{gl} 分别为毛细孔和凝胶孔的表面积，总体等效孔隙半径可以计算为：

$$r = \frac{2(\phi_{cp} + \phi_{gl})^2}{\phi_{cp} Sf_{cp} + \phi_{gl} Sf_{gl}} \tag{4.2.15}$$

这里的等效半径实际上并不具有具体的物理形态，只是从多尺度的角度反映了毛细孔和凝胶孔为流动提供通道的平均效果。综上所述，在获得孔隙率、孔隙表面积和养护龄期的基础上，就可以利用分析模型计算抗渗压强的大小。

4.2.3 界面层效应数值模型

在分析模型中界面层（ITZ）的效应是通过时间相关参数表达的，在数值模型中进一步提出 ITZ 对液态水渗透系数影响的量化模型。ITZ 的渗透系数 K_{ITZ} 公式为：

$$K_{ITZ} = \gamma_{ITZ} K_p \tag{4.2.16}$$

式中，K_p 为净浆体系的渗透系数；γ_{ITZ} 为 ITZ 孔隙相对于净浆体系的渗透系数函数：

$$\gamma_{ITZ} = \frac{\phi_{ITZ}^2}{\phi_p^2} \zeta \tag{4.2.17}$$

式中，ϕ_{ITZ} 为 ITZ 孔隙率；ζ 为表征 ITZ 孔隙自身通过能力的参数，定义为：

$$\zeta = \kappa \cdot \zeta_0 \tag{4.2.18}$$

式中，ζ_0 为 ITZ 和净浆的渗透能力比值，根据学者 Shane 等的估计，该值大约为 10～100，学者 Li 等认为大约为 50，因而综合前人结果在本书中取为 50 以方便计算。κ 为一阶跃函数，表征 ITZ 的空间连通状态：

$$\kappa = \begin{cases} 0.5 & V_s < V_{sc} \\ 1.0 & V_s \geqslant V_{sc} \end{cases} \qquad (4.2.19)$$

式中，V_s 和 V_{sc} 分别为骨料体积（砂率）和临界体积（临界砂率）。V_{sc} 是砂浆渗透过程中当 ITZ 贯通时的阈值，根据学者 Wong 等的研究，砂浆中并不存在一个临界体积阈值，当细骨料体积超过阈值时，由于 ITZ 层的连通性增加，砂浆的渗透性会明显增大。然而，学者 Shane 等提出了相反的观点。认为，当 V_s 增加到 35%～45% 之间时砂浆的渗透性显著增加，并通过学者 Halamickova 等的试验结果进行了验证。进一步地，本书提出了 ITZ 重叠模型来说明阈值本身也并非一个定值，而是随着砂率 V_s、骨料半径 R 和 ITZ 的特征宽度 r_i 不断变化。

图 4.2.8 中给出了一理想化的微观几何模型，其中临界骨料体积可以基于如图 4.2.9 所示的紧密堆积模型（Close-packing model）计算，在紧密堆积模型中，假设细骨料为具有一定直径分布的圆球，并均匀分布于净浆体系中。当圆球状骨料互相紧密接触时，达到面心立方时的"紧密堆积"情况，此时骨料具有最大空间占有率 74%，于是 V_{sc} 可以计算为：

$$V_{sc} = 0.74 \left(\frac{R}{R + r_i} \right)^3 \qquad (4.2.20)$$

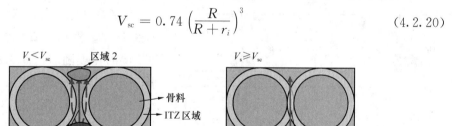

图 4.2.8　ITZ 和骨料的微观几何模型

（1）当 V_s 小于临界值 V_{sc} 时，ITZ 层不会互相接触，此时液态水主要通过净浆体系的通道流通，对应的 $\kappa = 0$，意味着理论上 ITZ 孔隙的存在对于渗透并无贡献；

（2）当 V_s 达到临界值 V_{sc} 时，ITZ 层互相接触，因而在整个静浆体系中形成连续贯通通道，对应的 $\kappa = 1$，此时渗透系数迅速增大。

另外，由于临界值 V_{sc} 计算时采用了骨料平均粒径，因此需要考虑到在小骨料周围存在的临界值理论上更小，因此将 V_s 小于全局阈值 V_{sc} 时的 κ 修正为 0.5。

临界砂率 V_s 和骨料平均粒径 R 以及 ITZ 特征宽度 r_i 的关系如图 4.2.10 所示。对于已给定骨料含

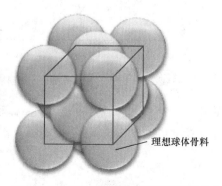

图 4.2.9　REV 中细骨料紧密堆积模型

理想球体骨料

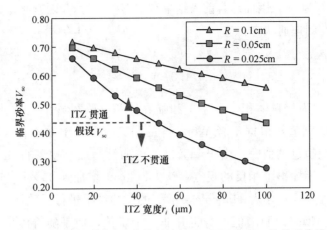

图 4.2.10 临界砂率 V_{sc} 和骨料粒径 R、ITZ 宽度 r_i 的关系曲线

量，随着 ITZ 宽度增加以及骨料粒径的减少，ITZ 的渗透性逐渐增加，这意味着含有龄期越短的净浆以及更细骨料的砂浆更易渗透，这是合理的，因为细骨料有更大的比表面积，而低的龄期也提供了更宽的 ITZ 宽度。

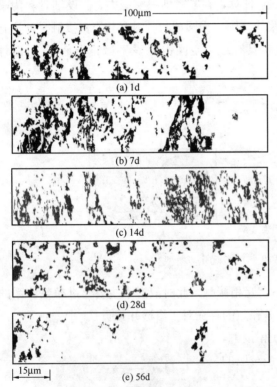

图 4.2.11 ITZ 层及其孔隙 SEM 扫描结果

ITZ 的孔隙率的计算将基于学者 Liao 等的研究，根据 SEM 电镜扫描结果，ITZ 层的宽度随着时间的增加而逐渐减小，孔隙也逐渐减少，如图 4.2.11 所示，图中孔隙范围为距离骨料表面 0～100 μm 的区域，计算不同时间时孔隙占扫描区域的比例，可以得到如图 4.2.12 所示 ITZ 孔隙随龄期变化曲线，满足以下关系式：

$$\phi_{ITZ0} = 0.23e^{-0.032t} \qquad (4.2.21)$$

式中，ϕ_{ITZ0} 表示 ITZ 在 0～100 μm 范围内孔隙率；t 为龄期。在此基础上，ITZ 的真实孔隙率表达为：

$$\phi_{ITZ} = \omega_i \phi_{ITZ0} \qquad (4.2.22)$$

式中，ω_i 为 ITZ 区域占净浆体积总体积的百分比，其推导过程如图 4.2.13 所示，得到如下表达式：

$$\omega_i = 3\frac{r_i}{R}\frac{V_s}{1-V_s} \qquad (4.2.23)$$

另外，ϕ_{ITZ0} 还可以根据紧密堆积模型计算得到：

$$\phi_{\mathrm{ITZ0}} = \frac{(R + ar_i)^3 - R^3}{(R + r_0)^3 - R^3} \tag{4.2.24}$$

式中，$r_0 = 100\,\mu\mathrm{m}$。因此，ITZ 层的宽度 r_i 就可以通过式（4.2.21）和（4.2.24）计算得到，则进一步可以通过式（4.2.20）确定临界砂率和通过式（4.2.23）确定 ITZ 体积百分比。在式（4.2.24）中，a 为一调整系数，表示 ITZ 孔隙体积占 ITZ 有效区域的比例，该值可以通过 $t = 0$ 时的边界条件来确定，如图 4.2.13 所示。因此，根据以上介绍的方法可以计算得到，当 $R = 0.05\,\mathrm{cm}$ 且 $t = 28\mathrm{d}$ 时，ITZ 宽度 r_i 约为 $42\,\mu\mathrm{m}$；当 $R = 0.025\,\mathrm{cm}$ 且 $t = 56\mathrm{d}$ 时，ITZ 宽度 r_i 约为 $19\,\mu\mathrm{m}$；该结果和学者 Zheng 等给出的结果 $5\sim50\,\mu\mathrm{m}$ 范围基本一致。

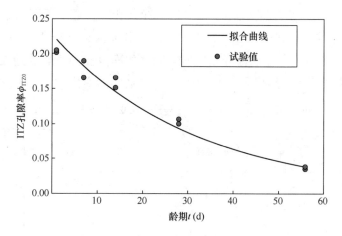

图 4.2.12　ITZ 孔隙随龄期变化曲线

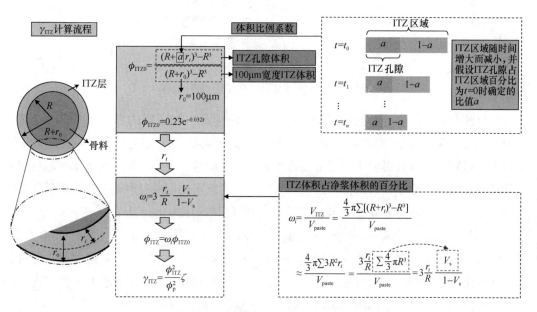

图 4.2.13　ITZ 体积占净浆体积百分比推导过程

净浆体系的连通度 δ_p，定义为连通孔隙体积占总孔隙体积百分比，该值和流体在多孔介质中的渗透率紧密相关。根据学者 Bentz 等的试验研究，δ_p 和孔隙率的关系满足图 4.2.14 中的试验点变化规律，本研究将其拟合为下式：

$$\delta_p = 0.98 - \frac{797.91}{1 + [\phi_p(1 - V_s)/0.0437]^{4.74}} \tag{4.2.25}$$

式中，ϕ_p 为净浆孔隙率，按式（4.2.26）计算：

$$\phi_p = \phi_{cp} + \phi_{gl} \tag{4.2.26}$$

如图 4.2.14 所示，当净浆孔隙率 ϕ_p 大于 0.6 时，净浆孔隙连通度约为 100%，此时所有的孔隙都是连通的，随着 ϕ_p 减小，连通度也逐渐减小，当 ϕ_p 逐渐减小到 0.2～0.3 之间时，连通度迅速下降，当 ϕ_p 减小到约 0.18 时，净浆孔隙连通度逐渐减小为 0，此时净浆体系孔隙几乎互不连通。在式（4.2.25）中，孔隙率 ϕ_p 乘以（$1 - V_s$）来表征骨料的稀释效应（Dilution effect）。当考虑稀释效应时，同样的净浆孔隙下，连通度会进一步减小，如图 4.2.14 中虚线所示，给出了当 $V_s = 0.45$ 时连通度的变化。

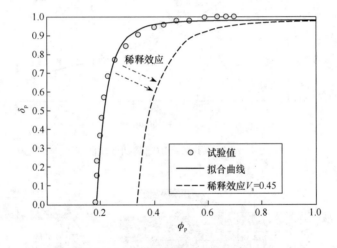

图 4.2.14 净浆体系中孔隙连通性曲线

骨料的存在不仅会带来稀释效应，同时由于骨料周围 ITZ 层的存在，净浆中孔隙可以通过 ITZ 层建立连通通道从而增大连通性，因此有必要考虑 ITZ 对于净浆孔隙连通度的贡献。尽管一些学者提出了在复杂网络中的连通性的量化解释，但是由于水泥基材料复杂的微观孔隙表现出了复杂的拓扑结构和物理特征，对于水泥基材料中的连通性目前并没有结论性的观点。一些研究者提出，连通度 δ_0 可以用曲折度 τ 表示为：

$$\delta_0 = 1/\tau^2 \tag{4.2.27}$$

根据学者 Maekawa 等的研究，δ_0 可以用 tanh（·）的函数形式表达，并通过敏感性分析的方式确定参数，因此作为类比，本研究提出一连通参数 δ_{ITZ} 来表征由于 ITZ 的存在对净浆孔隙的连通性贡献，如图 4.2.15 所示，并表达为下式：

$$\delta_{ITZ} = 0.2\tanh[5.0(\phi_{ITZ0}/0.23 - 0.3)] + 0.48 \tag{4.2.28}$$

ITZ 孔隙通过将净浆中不同区域连接起来为液态水的流动提供了更多的通道，如

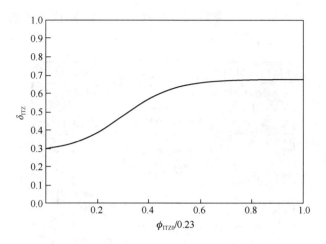

图 4.2.15　ITZ 孔隙对净浆孔隙的连通性贡献

图 4.2.8 所示，这种效应不容忽视，尤其是在净浆体系本身连通度很小的情况下。因此，贡献函数 c_{ITZ} 可以进一步计算为：

$$c_{ITZ} = \delta_{ITZ}(1 - \delta_{p}) \qquad (4.2.29)$$

为了避免净浆连通性被重复计算，该函数只包含了净浆体系中未连通的部分 $(1-\delta_{p})$。于是，综合以上分析可以得到界面层连通性参数 T_{ITZ} 的表达式：

$$T_{ITZ} = \gamma_{ITZ} + \delta_{p} + c_{ITZ} \qquad (4.2.30)$$

将式（4.2.30）乘以渗透系数，即可以得到有压条件下考虑界面层连通性的非饱和渗透系数公式。尽管在有压渗透过程中，水分依然会受到毛细力的作用，然而此时由于外界压力的存在，液态水的受力形式和假设发生了改变，因而此处的渗透系数公式可以选取基于经典哈根-泊肃叶公式推导出的式（3.1.9）。

4.3　考虑界面层效应的有压渗透模型的验证

4.3.1　非饱和砂浆抗渗性能有限元计算

利用 DuCOM-COM3 系统对砂浆有压渗透过程进行模拟，该系统在 DuCOM 的基础上耦合了非线性结构分析模型，将材料和结构参数之间建立了实时传递和更新，如图 4.3.1 所示。本研究建立了一个 1/4 有限元模型对非饱和砂浆抗渗过程进行模拟，如图 4.3.2 所示。其中，砂浆单元代表了砂浆试件材料，弹性单元为一固定单元，通过设置其弹性模量无限大模拟砂浆抗渗试验中的钢模，bond 单元为一界面单元，该单元厚度为 0，用于表示砂浆和钢模之间的界面，该界面仅传递摩擦力和正压力，摩擦系数设为 0.5。通过在试件底面节点施加等效于水压的力模拟水压逐渐增大的过程，在底面的单元节点全部设置为饱和来表示试验过程中的实际湿度边界。在逐渐增大压力的过程中，由于变形或者干缩的影响，试件中可能会产生微裂缝，在这种情况下，沿着裂缝方向的渗透系数将会显著增大，在本研究分析中，通过乘以放大系数 10.0 的方式代表渗透系数的增大，此时对应的应变为 $100\mu\varepsilon$，前人的研究表明该方法在开裂的情况下是有效的。

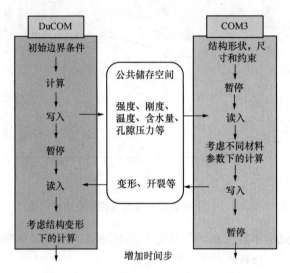

图 4.3.1　DuCOM-COM3 系统计算逻辑

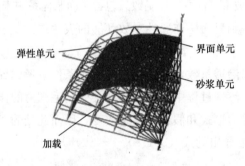

图 4.3.2　有限元划分和加载方式

4.3.2　细骨料含量对渗透系数的影响

在第 4.2.3 节中，给出了不同细骨料含量下 ITZ 宽度和孔隙率的量化计算方法，显然不同的骨料含量会影响流体通过水泥基材料的能力。为验证 ITZ 对于非饱和态下有压渗透系数的影响，进一步计算砂浆和净浆的渗透系数比值和试验值进行对比，渗透系数比值公式如下式所示：

$$\frac{K_{\text{mortar}}}{K_{\text{paste}}} = \frac{\delta_{\text{ITZ}}(1-\delta_{\text{p}}) + \gamma_{\text{ITZ}} + \delta_{\text{p}}}{\hat{\delta}_{\text{p}}}(1-V_{\text{s}}) \tag{4.3.1}$$

式中，K_{mortar} 和 K_{paste} 分别为砂浆和净浆的渗透系数。

根据学者 Halamickova 等的研究，渗透系数比值随着细骨料体积含量的增加而增加并在 35%～45% 之间出现一急剧增大的现象。这种现象是通过 ITZ 层的重叠和贯通来解释的，计算结果如图 4.3.3 和图 4.3.4 所示，分别对 $W/C=0.4$ 和 $W/C=0.5$ 的砂浆与净浆渗透系数比值进行了计算，并和试验值进行了对比。在 $W/C＝0.4$ 计算中，砂浆在达到水化度为 0.6 时，龄期为 3.85d，此时计算所得到的 ITZ 宽度约为 92μm。砂浆采用了ASTM C109 标准的 Ottawa 砂，其平均粒径为 0.5mm，此时计算所得到临界砂率 V_{sc} 为29%。该临界砂率解释了为何 K_{mortar}/K_{paste} 试验值中在大约 $V_s＝0.3$ 处开始出现明显的增长，并且在 $V_s＝0.45$ 处出现了突然的增长。尽管计算值和试验值仍存在一定的偏差，但计算值给出了十分近似的变化趋势。对于 $W/C＝0.5$ 的情况，水化度达到 0.6 时的龄期为2.83d，此时对应的 ITZ 宽度为 95μm，计算临界砂率为 28%，K_{mortar}/K_{paste} 的计算值和试验值也能基本相符。

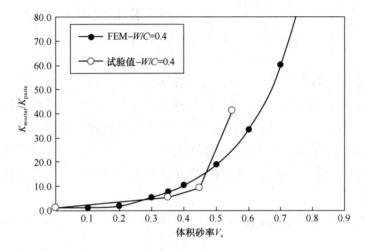

图 4.3.3　砂浆和净浆渗透系数比值和细骨料含量的关系（$W/C＝0.4$）

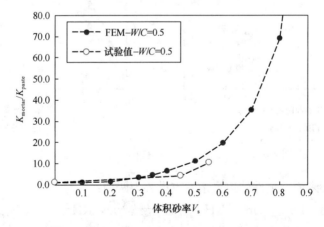

图 4.3.4　砂浆和净浆渗透系数比值和细骨料含量的关系（$W/C＝0.5$）

4.3.3　界面层对于水蒸气传输的影响

本研究中认为，界面层对于液态水的传输具有显著影响，而对于水蒸气传输而言其影响很小。先前的研究已经证明了 DuCOM-COM3 系统在预测水蒸气传输方面的有效性，其中ITZ效应被认为只是在RVE内部提供湿度交换通道而对于全局传输并无贡献。而实际上液态水在水泥基材料中的传输是一个动态平衡的过程，这个过程比水蒸气的扩散要慢很多。学者Wong等也认为，ITZ的全局效应对于扩散只有很小的影响，而对于液态水传输则是显著的。本研究则进一步评估ITZ对于水蒸气渗透的影响。选择一个$W/C=0.55$的砂浆试件如图4.3.5所示，来模拟其在干燥过程和干湿循环过程中的含水量的变化。试件浇筑并脱模后，在RH＝99％的环境中养护14d，作为湿度传输模拟的初始状态。

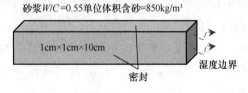

图4.3.5　W/C＝0.55砂浆试件参数

对于干燥模拟来说，试件的边界条件设置为两种：

（1）一个侧面（1cm×1cm）：RH＝1％；其他面密封，持续20d；

（2）所有侧面：RH＝70％，持续5d，然后设置（1）中的条件。

有限元模拟除了使用考虑ITZ效应的渗透系数模型外，还将不考虑ITZ效应的模型的模拟结果（T_{ITZ}＝1.0）作为对比。图4.3.6给出了干燥过程的模拟结果，从图中可以看出，在初始湿度较高（RH＝99％）时，考虑ITZ模型后的计算结果在干燥10d和20d后比参考模型（T_{ITZ}＝1.0）稍小。而当初始湿度中等（RH＝70％）时，两者的模拟结果几乎没有差别。

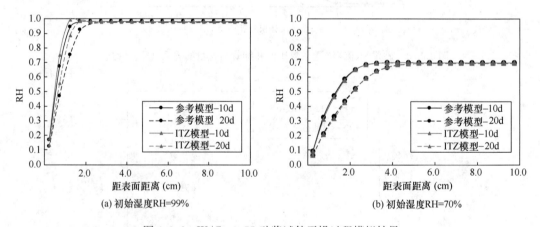

(a) 初始湿度RH=99%　　　(b) 初始湿度RH=70%

图4.3.6　W/C＝0.55砂浆试件干燥过程模拟结果

对于干湿循环来说，试件的边界条件也设置为两种：

（1）一个侧面（1cm×1cm）：RH＝1％，持续10d，RH＝95％，持续10d，作为一个循环，共两个循环，其他面密封；

（2）一个侧面（1cm×1cm）：RH＝1％，持续10d，RH＝80％，持续10d，作为一个循环，共两个循环，其他面密封。

表层单元的饱和度随时间的变化如图4.3.7所示，可以看到在RH＝95％湿度条件下，在干湿循环30d后两种计算结果会出现大约3％的偏差；而对于RH＝80％的湿度条件，两种模型的模拟结果差别很小。总体来看，在高湿度条件下ITZ模型对于水蒸气传输会出现一定的偏差，而在普通湿度条件下，几乎没有影响，这对于实际工程中的计算来说是可以接受的。

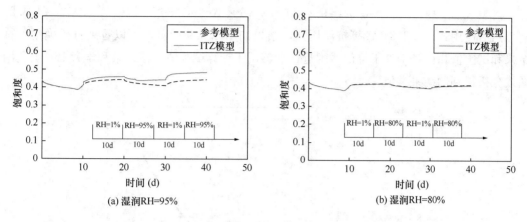

图 4.3.7　$W/C=0.55$ 砂浆试件干湿循环过程模拟结果

4.3.4　非饱和砂浆抗渗试验的模拟

首先采用分析模型对抗渗压强进行预测，不同组试件的 ω、ϕ 和 x_ϕ 值如表 4.3.1 所示。

组号	ω（$\times 10^{23}$）	ϕ	x_ϕ（$\times 10^{-18}$）
不同试件的 ω、ϕ 和 x_ϕ 计算值			表 4. 3. 1
1	104	0.132	1.84
2	37.8	0.147	3.05
3	28.5	0.152	2.33
4	9.98	0.174	3.67
5	8.77	0.174	2.79
6	2.61	0.201	4.63
7	2.02	0.202	3.41
8	6.73	0.187	3.03
9	7.98	0.184	3.46
10	8.41	0.184	3.79
11	8.9	0.183	4.04
12	9.33	0.183	4.57
13	104	0.132	1.84
14	20.2	0.167	2.53
15	30.5	0.162	3.72
16	8.77	0.174	2.79
17	9.98	0.174	3.67
18	7.22	0.179	3.02
19	8.66	0.177	3.8
20	9.37	0.176	4.55
21	2.23	0.202	4.67
22	2.23	0.202	4.67

结构参数 ψ 通过表 4.3.1 中的 1~7 组试件结果拟合出表达式，剩余组试件用于验证模型的有效性。拟合所得曲线如图 4.3.8 所示，表达式为：

$$\psi = 9 \times 10^{-25} \exp(6 \times 10^{17} x_\psi) \tag{4.3.2}$$

然后使用式（4.2.8）计算抗渗压强，结果如图 4.3.9 所示，可以看到分析模型计算结果和试验值相比基本处于等值线附近，能够用于计算试验值，该结果和学者 Liu 等利用图线分析得到的结果类似。

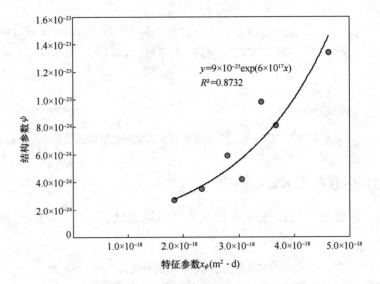

图 4.3.8　结构参数 ψ 和特征参数 x_ψ 的关系

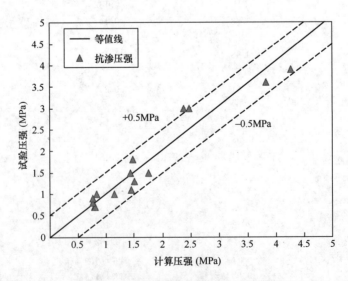

图 4.3.9　分析模型的抗渗压强计算结果

试验所得 22 组试件利用数值模型的计算结果和试验值相比如图 4.3.10 所示，并选取了代表性点计算了在不考虑 ITZ 效应（$T_{ITZ} = 1$）时的结果。结果显示，数值模型依然能够较好地预测试验值。总体来看，在较低的压力时，预测值和试验值更加接近。这可能是因为在低压时，ITZ 的效应并不十分显著。而当在高压时，净浆体系中由于净浆孔隙连通性的减少，使得流动受到的阻碍增大，从而使得 ITZ 对于孔隙连通的促进作用凸显出来，$T_{\mathrm{ITZ}}=1$ 时的结果给出了十分明显的趋势。此外，在数值模拟的过程中试件的抗压强度设置为定值，和实际试件的抗压强度有所区别，这也可能给模拟结果带来了较大的波动。另外，在试验过程中需要关注一组 6 个试件中的第 3 个试件渗透时的抗渗压强，而试件渗透是通过观察上表面的渗水来确定的。因此，随着试验时间的增长，观察误差也将增大。总体而言，数值模型的预测结果基本也能反映试验值。

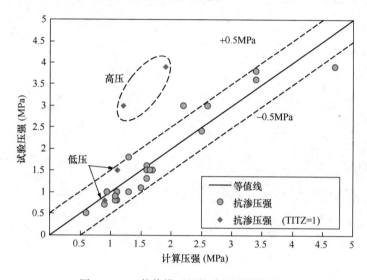

图 4.3.10　数值模型的抗渗压强计算结果

第 5 章

基于 LBM 的水工混凝土
溶蚀计算模型

5.1 格子 Bolzmann 方法的基本理论

5.1.1 概述

格子 Boltzmann 方法（Lattice Boltzmann Method，简称 LBM）是一种源于格子气自动机（Lattice Gas Automata，简称 LGA）的介观层面（即介于宏观与微观层面之间）数值模拟计算方法。其主要思想是将流场划分为若干格点，根据物性参数将流体视为分布在格点上的离散粒子，这些粒子按照既定的规则进行碰撞和迁移。达到收敛条件后，经过统计平均即可获得每个格点的宏观量。

LBM 可方便地处理流体与边界之间、不同流体组分（或相态）之间、流体界面之间等的复杂相互作用；采用的是显式时间推进方法，计算效率较高，涉及的碰撞与迁移过程均是局部性的，易于实现并加速计算；具有较好的数值稳定性，且有清晰的物理图像。LBM 的上述优点，推动了其在模拟孔隙介质渗流、多相多组分流体运动、计算传热学等领域的广泛应用。

5.1.2 格子气自动机

格子气自动机（LGA）实质上是一种简化的微观流体模型，其基于如下的认识：流体的宏观运动是流体分子做微观热运动的统计平均结果，宏观行为对每个分子的运动细节并不敏感，流体分子相互作用的差别反映在 Navier-Stokes 方程的输运系数上。

在 LGA 中，流体视为大量离散粒子（是不同于流体分子的假想微观粒子），这些粒子驻留在一个规则格子或晶格上，并按照一定的规则在格子上进行碰撞和迁移。LGA 是一个完全离散的动力系统，流体离散为大量的粒子，流场离散为一个规则的格子，时间根据一个时间步长离散为一个时间序列。在 LGA 中，粒子只能沿着网格线运动，并且一个时间步只能从一个格点移动到最近的邻格点，粒子的速度也随之成为一个有限的离散速度集合，其中最具代表性的离散速度模型有 HPP 模型和 FHP 模型。

1. HPP 模型

HPP 模型是一个以正方形格子为基础的二维 LGA 模型，假想的流体粒子驻留在格点上，如图 5.1.1 所示。粒子的运动速度只能是如下四个之一：$c_1 = c(1,0)$、$c_2 = c(0,1)$、$c_3 = c(-1,0)$ 和 $c_4 = c(0,-1)$。其中，$c = \delta_x/\delta_t$，δ_x 和 δ_t 分别对应于格子步长和时间步长。在 LGA 中，一般取 δ_x 和 δ_t 为长度和时间单位，因此 $c = 1$。这些单位称为格子单位（Lattice Unit）。

在 LGA 中一般还要求粒子分布满足泡利不相容原理，即每个格点处以某速度运动的粒子最多只能有一个。因此每个格点处的粒子分布状况可以用一个 4 位的布尔变量表示，即 $n(x,t) = n_1 n_2 n_3 n_4$，其中 n_i 为 1 或 0，代表有或者无以速度 c_i 运动的粒子。

HPP 模型的状态演化可以分为两个阶段，即碰撞阶段：在每个格点上具有不同速度

图 5.1.1　HPP 模型及碰撞规则

的粒子相遇并发生碰撞，粒子速度发生改变；迁移过程：碰撞后粒子以新的速度运动到相邻格点。碰撞方式是 LGA 的核心，需要满足基本的守恒定律。HPP 模型的碰撞规则如图 5.1.2 所示，当两个速度相反的粒子到达同一个格点，而另外两个方向上没有粒子时，发生对头碰撞，即两个粒子的速度分布旋转 90°，而在其他情况下粒子速度不发生改变。根据碰撞规则和迁移过程，HPP 模型的总体演化方程可以表示为：

$$n_i(x+c_i\delta_t, t+\delta_t) = n_i(x,t) + C_i[n(x,t)], i=1,2,3,4 \tag{5.1.1}$$

式中，C_i 为碰撞算子，可以表示为：

$$C_i(n) = n_{i\oplus1} n_{i\oplus3}(1-n_i)(1-n_{i\oplus2}) - (1-n_{i\oplus1})(1-n_{i\oplus3})n_i n_{1\oplus2} \tag{5.1.2}$$

式中，符号 $\oplus$ 表示循环加法。容易验证，C_i 满足局部质量、动量和能量守恒：

$$\sum_i \Omega_i = 0, \quad \sum_i c_i \Omega_i = 0, \quad \sum_i \frac{c_i^2}{2}\Omega_i = 0 \tag{5.1.3}$$

HPP 的演化方程式（5.1.1）亦可以按照粒子运动的过程划分为两个步骤：

$$\begin{cases} 碰撞: n_i'(x,t) = n_i(x,t) + C_i[n(x,t)] \\ 迁移: n_i(x+c_i\delta_t, t+\delta_t) = n_i'(x,t) \end{cases} \tag{5.1.4}$$

式中，$n_i'(x,t)$ 表示碰撞后粒子的分布函数。

而流体的宏观密度、速度和温度由粒子的系综平均，即速度分布函数 $f_i \equiv \langle n_i \rangle$ 给出：

$$\rho = m\sum_i f_i, \quad \rho u = m\sum_i c_i f_i, \quad \rho e = \rho RT = m\frac{1}{2}\sum_i (c-u)^2 f_i \tag{5.1.5}$$

通常 n_i 的系综平均值 f_i 不能直接确定，实际计算时由时间或空间平均代替。

虽然 HPP 模型在微观上满足质量和动量守恒，但其宏观动力学方程不满足 Navier-Stokes 方程，尽管如此，HPP 模型的基本思想开创了流体建模和模拟的新思路，是该领域的开创性工作。

2. FHP 模型

FHP 模型是一种具有更好对称性的二维 LGA 模型，该模型使用的格子是规则的六边形，如图 5.1.2 所示。流体粒子具有 6 个离散速度：

$$c_i = c(\cos\theta, \sin\theta_i), \theta = \frac{(i-1)\pi}{3}, i=1,2,3,4,5,6 \tag{5.1.6}$$

式中，θ 表示相邻离子速度之间的夹角。

每个格点处的粒子分布可以表示为 $n(x,t) = n_1 n_2 n_3 n_4 n_5 n_6$，布尔变量 n_i 表示以速度 c_i

运动的粒子数，取值为 0 或 1。

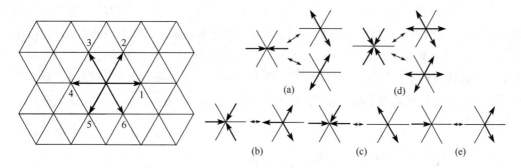

图 5.1.2　FHP 模型和碰撞规则

由于离散粒子速度分量更多，FHP 与 HPP 模型的碰撞方式相比更为复杂。碰撞类型有对头二体碰撞［图 5.1.2 (a)］、对称三体碰撞［图 5.1.2 (b)］、非对称三体碰撞［图 5.1.2 (c)］和对称四体碰撞［图 5.1.2 (c)］以及包含静止粒子的二体碰撞［图 5.1.2 (e)］。使用对头二体碰撞和对称三体碰撞的模型是最基本的 FHP 模型，又称为 FHP-Ⅰ模型；在 FHP-Ⅰ模型基础上引入静止粒子并使用三体对称碰撞的模型称为 FHP-Ⅱ模型；在 FHP-Ⅱ模型基础上引入四体对称碰撞，则得到 FHP-Ⅲ模型。与 HPP 模型相比，FHP 的另外一个特点是碰撞规则中存在随机碰撞方式。例如，对头二体碰撞中，两个速度相反的粒子相遇后其速度会以相同的概率顺时针或逆时针旋转 60°。

根据碰撞规则，格点的粒子占据状态会发生变化。假设碰撞前状态为 $s(x,t) = \{s_1, s_2, \cdots, s_6\}$ 的格点经碰撞变化为新状态 $s'(x,t) = \{s_1', s_2', \cdots, s_6'\}$ 的概率为 $A(s \rightarrow s')$，称为转移概率，其中 s 和 s' 的取值为 0 或者 1，则该概率满足归一化条件：

$$\forall s, \sum_{s' \in S} A(s \rightarrow s') = 1 \tag{5.1.7}$$

式中，S 表示所有可能状态构成的集合。

根据碰撞规则，FHP 模型的碰撞满足细致平衡条件：

$$A(s \rightarrow s') = A(s' \rightarrow s)$$

即每种碰撞发生的概率与其逆碰撞发生的概率相同。因此可以得出：

$$\forall s, \sum_{s' \in S} A(s' \rightarrow s) = 1 \tag{5.1.8}$$

式 (5.1.8) 即为准细致平衡条件。

FHP 模型的每个格点有 64 个可能的状态，因此转移概率构成一个 64×64 的转移矩阵，该矩阵对称且各行各列的元素之和都为 1。FHP 模型比 HPP 模型具有更好的对称性，碰撞过程更为丰富，特别是在对其理论分析中发现的对称性约束条件，对 LGA 模型具有指导意义。

虽然 LGA 方法模拟物理过程是无条件稳定的，且没有截断误差，但是作为一类新的流体模型和计算方法，LGA 仍然存在一定不足：

(1) 系统误差。由于 LGA 的碰撞算子含有随机因素，因此不可避免地存在一定误差。虽然可以通过时间平均或者空间平均的方法降低误差，但其影响仍然存在。

（2）碰撞算子的指数复杂性。由于 LGA 的碰撞算子与离散方向数成指数关系，不但增大了 LGA 模型的设计难度，而且不利于 LGA 的应用。这一问题对三维状况尤为突出。

（3）不满足伽利略不变性。与 LGA 对应的宏观方程中，对流项前面有一个非单位的因子，因此该方程不满足伽利略不变性的要求。虽然通过重新标度可以得到正确的 N-S 方程，但这种方法只能用于简单系统的 LGA 模型，对一些复杂的 LGA 模型来说这种方法是不可行的。

5.1.3 常规格子 Bolzmann 模型

格子 Boltzmann 模型是为了克服 LGA 的不足而发展起来的。在格子 Boltzmann 模型中，用粒子分布函数代替 LGA 中粒子本身进化演化，其演化方程直接采用格子 Boltzmann 方程，并根据分布函数直接计算流体的密度和速度，因此消除了统计噪声。同时，在格子 Boltzmann 模型中，使用 Boltzmann 分布代替 Fermi-Dirac 分布，使伽利略不变性得到满足。

1. 格子 Boltzmann 方程

对于一般的 LGA 模型，粒子的演化方程根据式（5.1.1）可以写为：

$$n_i(x+c_i\delta_i,t+\delta_t)-n_i(x,t)=C_i(n(x,t)),i=1\sim b \tag{5.1.9}$$

式中，b 为离散速度数，表示位于某一格点位置的粒子下一时刻所能运动的方向数目。碰撞算子 C_i 可以表示为：

$$C_i=\sum_s\sum_{s'}(s'_i-s_i)A_{ss'}\prod_j n_j^{s_j}\overline{n_j}^{\overline{s_j}} \tag{5.1.10}$$

LGA 演化方程描述了粒子的微观动力学行为。从统计力学角度看，这些粒子构成了一个多体系统，采用粒子分布函数系综平均 $f_i(x,t)$ 代替 $n_i(x,t)$，即：

$$f_i(x,t)=\langle n_i(x,t)\rangle \tag{5.1.11}$$

因此，$f_i(x,t)$ 的取值为 0~1 之间的一个实数，于是 LGA 的演化公式（5.1.1）变为如下的格子 Boltzmann 方程：

$$f_i(x+c_i,t+1)=f_i(x,t)+\Omega_i(x,t) \tag{5.1.12}$$

式中，$\Omega_i(x,t)$ 为碰撞项，与 LGA 类似，它表示由粒子之间发生碰撞而引起的 i 方向上的粒子数分布函数的增量。

式（5.1.12）的提出，对 LBM 理论的发展来说具有里程碑的意义，它使得 LBM 模拟过程变得更加简单，不再像 LGA 一样需要设置烦琐复杂的碰撞规则，也不需要对单粒子分布函数作统计平均来求宏观变量，因为在 LBM 系统中，宏观意义上的流体密度 $\rho(x,t)$ 和流体速度 $u(x,t)$ 可以很方便地用粒子数分布函数 $f_i(x,t)$ 和离散速度 $c_i(x,t)$ 通过简单求和运算求得：

$$\rho(x,t)=\sum_i f_i(x,t) \tag{5.1.13}$$

$$u(x,t)=\frac{\sum_i f_i(x,t)c_i(x,t)}{\rho(x,t)} \tag{5.1.14}$$

在 LBM 理论框架下，数值计算不再追踪单个粒子的运动状态，而是转为研究经过平均处理后的大量粒子的分布函数的动态演化过程。由于 LBM 的求解对象既不是微观层面离散分布粒子的位置与速度，也不是宏观层面离散体元或者面元的压力、速度等离散参数。因此，LBM 是一种介于微观和宏观之间的数值模拟方法。根据格子 Boltzmann 方程中碰撞函数所包含的松弛时间个数，可将格子 Boltzmann 模型分为单松弛格子 Boltzmann 模型（Single Relaxation Time Lattice Boltzmann Model，简称 SRT-LBM）和多松弛格子 Boltzmann 模型（Multiple Relaxation Time Lattice Boltzmann Model，简称 MRT-LBM）。

2. 单松弛时间格子 Boltzmann 模型

一个完整的格子 Boltzmann 模型由计算网格（或者离散速度模型）、平衡态分布函数以及控制离子数分布函数演化过程的 LBE 三个基本要素组成，下面从三个方面对单松弛时间格子 Boltzmann 模型给予阐述。

1）模型演化方程

20 世纪 90 年代初，国内外的几个研究组先后提出了一种简单线性化碰撞算子，因为该算子类似于 1954 年 Bhatnagar、Gross 和 Krook 提出的 Boltzmann 碰撞算子，因此也被称为 BGK 算子，其表达式为：

$$\Omega_i(x,t) = -\frac{1}{\tau}(f_i - f_i^{\mathrm{eq}}) \tag{5.1.15}$$

式中，τ 为一个自由参数，称为松弛时间或者松弛因子；f_i^{eq} 为平衡态的粒子分布函数。这样一种碰撞算子代表粒子分布函数 f_i 向其平衡态 f_i^{eq} 靠近的一个松弛过程，采用该碰撞算子的模型即为单松弛时间格子 Boltzmann 模型或者 LBM-GBK 模型。

由于 LBE 碰撞算子必须满足质量和动量守恒，利用式（5.1.12）可得：

$$\sum_i \Omega_i = 0 \tag{5.1.16}$$

$$\sum_i \Omega_i c_i = 0 \tag{5.1.17}$$

根据式（5.1.16）和式（5.1.17）可知，在平衡态时，宏观质量和动量应满足以下等式：

$$\rho = \sum_i f_i^{\mathrm{eq}} = \sum_i f_i \tag{5.1.18}$$

$$u = \frac{\sum_i f_i^{\mathrm{eq}} c_i}{\rho} = \frac{\sum_i f_i c_i}{\rho} \tag{5.1.19}$$

式（5.1.18）和式（5.1.19）中的平衡态分布函数 f_i^{eq} 是宏观流体速度 u 和流体密度 ρ 的函数。

将 BGK 碰撞算子表达式（5.1.15）代入格子 Boltzmann 方程，可得采用 BGK 算子简化处理后的 Boltzmann 方程，即为相应的模型演化方程：

$$f_i(x+c_i,t+1) = \left(1-\frac{1}{\tau}\right)f_i(x,t) + \frac{1}{\tau}f_i^{\mathrm{eq}}(x,t) \tag{5.1.20}$$

根据式（5.1.20）可知，当 τ 取值为 1 时，方程式右侧变为 f_i^{eq}，对应完全松弛状态，也就是所有非平衡态粒子分布函数 f_i 都消去了，仅剩下平衡态的粒子分布函数 f_i^{eq} 发生迁移；当 τ 大于 1 时，对应于欠松弛状态，因为粒子分布函数 f_i 还没有全部松弛到平衡态；当 τ 小于 1 时，对应于超松弛状态，即粒子分布函数 f_i 松弛过度，超越了平衡态状态。但是 τ 不能取任意小的值，因为一旦取值接近 0.5 或者小于 0.5，数值模拟将出现计算不稳定的现象。

2）离散速度模型

最常用的离散速度模型是 DdQq 模型，其中 d 代表空间维数，q 代表离散速度个数。在二维模拟计算中，常选用 D2Q9 模型如图 5.1.3 所示，其对应的速度向量可以表征为：

$$\bar{c} = c \begin{bmatrix} 0 & 1 & 0 & -1 & 0 & 1 & -1 & -1 & 1 \\ 0 & 0 & 1 & 0 & -1 & 1 & 1 & -1 & -1 \end{bmatrix} \tag{5.1.21}$$

假设模相等的离散速度向量 $\bar{c}$ 的对应权系数 w_i 相等，并采用不同的权系数常量来表示，则有：

$$w_i = \begin{cases} 4/9, i = 0 \\ 1/9, i = 1,2,3,4 \\ 1/36, i = 5,6,7,8 \end{cases} \tag{5.1.22}$$

对于三维模型，常见的离散速度模型为 D3Q19 模型，如图 5.1.4 所示，其对应的离散速度以及权系数常量为：

$$\bar{c} = c \begin{bmatrix} 0 & 1 & 0 & 0 & -1 & 0 & 0 & -1 & 0 & 0 & -1 & -1 & -1 & 1 & 1 & 1 & 1 & 0 & 0 \\ 0 & 0 & 1 & 0 & 0 & -1 & 0 & 0 & -1 & -1 & -1 & 1 & 1 & 0 & 1 & -1 & 0 & 0 & 1 & 1 \\ 0 & 0 & 0 & 1 & 0 & 0 & -1 & 1 & -1 & 1 & 0 & 0 & -1 & 0 & 0 & 1 & -1 & 1 & -1 \end{bmatrix} \tag{5.1.23}$$

$$w_i = \begin{cases} 1/3, i = 0 \\ 1/18, \ i = 1,2,3,4,5,6 \\ 1/36, \ i = 7,8,9,\cdots,18 \end{cases} \tag{5.1.24}$$

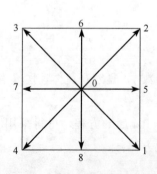

图 5.1.3　D2Q9 模型速度配置图

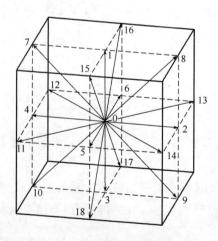

图 5.1.4　D3Q19 模型速度配置图

3）平衡态分布函数

平衡态分布函数指的是粒子运动达到平衡状态不再发生变化时的分布，对于 LBM 模型采用的平衡分布函数不再发生变化时，对于 LBM 模型采用的平衡分布函数 f_i^{eq}，往往根据 Maxwell-Boltzmann 速度平衡分布函数出发进行推导。在二维模型状态下，Maxwell-Boltzmann 速度平衡分布函数为：

$$w_B(v) = \left(\frac{m}{2\pi k_B T}\right)\exp\left(-\frac{mv^2}{2k_B T}\right) \tag{5.1.25}$$

式中，k_B 为 Boltzmann 常数；T 为气体温度；将 v 改写为 $c_i - u$，其中 u 为宏观流体速度；c_i 为粒子速度。

根据理想气体定律：

$$P = \frac{Nk_B T}{V} \tag{5.1.26}$$

等温气体压力关系：

$$P = c_s^2 \rho \tag{5.1.27}$$

根据式（5.1.26）和式（5.1.27）可以得到：

$$c_s^2 = \frac{k_B T}{m} \tag{5.1.28}$$

结合（5.1.25）分析可以得到：

$$w_B(v) \propto \exp\left[-\frac{(c_i-u)^2}{2c_s^2}\right] = \exp\left(-\frac{c_i^2}{2c_s^2}\right)\exp\left(-\frac{u^2-2u\cdot c_i}{2c_s^2}\right) \tag{5.1.29}$$

在式（5.1.29）方程右侧采取泰勒展开保留到二阶项可以得到：

$$\exp\left(-\frac{u^2-2u\cdot c_i}{2c_s^2}\right)\approx 1-\frac{u^2-2u\cdot c_i}{2c_s^2}+\frac{(u^2-2u\cdot c_i)^2}{8c_s^4} \tag{5.1.30}$$

其中：

$$(u^2-2u\cdot c_i)^2 = u^4-4u(u\cdot c_i)+4(u\cdot c_i)^2 = 4(u\cdot c_i)^2+O(u^3) \tag{5.1.31}$$

代入式（5.1.30）可得

$$\exp\left(-\frac{u^2-2u\cdot c_i}{2c_s^2}\right)\approx 1+\frac{u\cdot c_i}{c_s^2}+\frac{(u\cdot c_i)^2}{2c_s^4}-\frac{u^2}{2c_s^2}+O(u^3) \tag{5.1.32}$$

综上所述，SRT-LBM 平衡态分布函数采用如下形式：

$$f_i^{eq} = K\omega_i\left[1+\frac{u\cdot c_i}{c_s^2}+\frac{(u\cdot c_i)^2}{2c_s^4}-\frac{u^2}{2c_s^2}\right] \tag{5.1.33}$$

根据式（5.1.18）可知：

$$\rho = \sum f_i^{eq} = K\sum\omega_i\left[1+\frac{u\cdot c_i}{c_s^2}+\frac{(u\cdot c_i)^2}{2c_s^4}-\frac{u^2}{2c_s^2}\right]$$
$$= K\sum\omega_i+\frac{Ku_\alpha}{c_s^2}\sum\omega_i c_{i\alpha}+\frac{Ku_\alpha u_\beta}{2c_s^4}\sum\omega_i c_{i\alpha}c_{i\beta}-\frac{Ku_\alpha u_\alpha}{2c_s^2}\sum\omega_i \tag{5.1.34}$$

根据 BGK 算子性质可知：

$$\begin{cases} \sum \omega_i = 1 \\ \sum \omega_i c_{i\alpha} = 0 \\ \sum \omega_i c_{i\alpha} c_{i\beta} = c_s^2 \delta_{\alpha\beta} \end{cases} \tag{5.1.35}$$

将式（5.1.35）代入式（5.1.34）化简可得：

$$\rho = K + \frac{K u_\alpha u_\alpha}{2 c_s^2} - \frac{K u_\alpha u_\alpha}{2 c_s^2} = K \tag{5.1.36}$$

代入式（5.1.33）可得平衡态分布函数 f_i^{eq} 的最终表示形式：

$$f_i^{\mathrm{eq}} = \rho \omega_i \left[1 + \frac{u \cdot c_i}{c_s^2} + \frac{(\mu \cdot c_i)^2}{2 c_s^4} - \frac{u^2}{2 c_s^2} \right] \tag{5.1.37}$$

3. 多松弛时间格子 Boltzmann 模型

由于在速度空间中碰撞步骤难以实现，法国学者 D′Humeriers 提出了一种使用多个松弛时间的广义格子 Boltzmann 模型，称为多松弛时间格子 Boltzmann 模型（Multiple Relaxation Time LBM，简称 MRT-LBM）

MRT-LBM 中的碰撞需要在矩空间内进行，首先建立速度空间 $\mathbb{V}$ 内的速度向量 f 和矩空间 $\mathbb{M}$ 内的空间向量 m 之间的映射关系，然后进行碰撞计算使其达到平衡状态，再将矩空间向量变换回速度空间向量即可得到速度分布函数，相应变换关系如下所示：

$$m = \boldsymbol{M} \cdot f, \ f = \boldsymbol{M}^{-1} \cdot m \tag{5.1.38}$$

$$m = \begin{bmatrix} m_0 \\ \vdots \\ m_{q-1} \end{bmatrix}, \ \boldsymbol{M} = \begin{bmatrix} M_{0,0} & \cdots & M_{0,q-1} \\ \vdots & \ddots & \vdots \\ M_{q-1,0} & \cdots & M_{q-1,q-1} \end{bmatrix}, \ f = \begin{bmatrix} f_0 \\ \vdots \\ f_{q-1} \end{bmatrix} \tag{5.1.39}$$

式中，$\boldsymbol{M}$ 为变换矩阵；$\boldsymbol{M}^{-1}$ 为变换矩阵的逆矩阵，通常选取变换矩阵 $\boldsymbol{M}$ 为整数的正交矩阵以减少计算量；q 为 LBM 离散模型中速度分量的个数。

与 SRT-LBM 相类似可以借助平衡态分布函数以及碰撞矩阵 $\boldsymbol{\Omega}$ 构建 MRT-LBM 的一般形式：

$$f_i(x + c_i \Delta t, t + \Delta t) - f_i(x,t) = - \{ \boldsymbol{\Omega} [f(x,t) - f^{\mathrm{eq}}(x,t)] \} \tag{5.1.40}$$

MRT-LBM 的基本思想即为：构造特定的碰撞矩阵 $\boldsymbol{\Omega}$ 使得矩向量的各个分量以不同的松弛速率达到各自平衡态，通过选取特定的变换矩阵 $\boldsymbol{M}$ 可以使得矩向量对应于流体力学中的物理量，如密度、动量等，相较 SRT-LBM 仅通过单一松弛速率来调节所有物理量来得更为灵活。

目前，并不知道碰撞矩阵 $\boldsymbol{\Omega}$ 的具体形式。但是，可以在 BGK 模型的基础上进行推导，此时相当于所有矩向量选取相同的松弛因子 $w = 1/\tau$，因此可以将式（5.1.40）改写为如下形式：

$$f(x + c_i \Delta t, t + \Delta t) - f(x,t) = -\omega [f(x,t) - f^{\mathrm{eq}}(x,t)] \Delta t \tag{5.1.41}$$

式中，等号左侧代表迁移步，右侧表示碰撞步。

对式 (5.1.41) 右侧乘以单元矩阵 $\boldsymbol{I} = \boldsymbol{M}^{-1}\boldsymbol{M}$，此时 LBM 碰撞步不会受到影响，于是可以得到：

$$
\begin{aligned}
f(x + c_i\Delta t, t + \Delta t) - f(x,t) &= -\boldsymbol{M}^{-1}\boldsymbol{M}\boldsymbol{\omega}\big[f(x,t) - f^{\text{eq}}(x,t)\big]\Delta t \\
&= -\boldsymbol{M}^{-1}\boldsymbol{\omega}\big[\boldsymbol{M}f(x,t) - \boldsymbol{M}f^{\text{eq}}(x,t)\big]\Delta t \\
&= -\boldsymbol{M}^{-1}\boldsymbol{\omega}\boldsymbol{I}\big[m(x,t) - m^{\text{eq}}(x,t)\big]\Delta t \\
&= -\boldsymbol{M}^{-1}\boldsymbol{S}\big[m(x,t) - m^{\text{eq}}(x,t)\big]\Delta t \\
&= -\boldsymbol{M}^{-1}\boldsymbol{S}\boldsymbol{M}\big[f(x,t) - f^{\text{eq}}(x,t)\big]\Delta t
\end{aligned}
\tag{5.1.42}
$$

式中，$\boldsymbol{S} = \omega\boldsymbol{I} = \text{diag}(\omega,\cdots,\omega)$ 为对角矩阵；$m^{\text{eq}}(x,t) = \boldsymbol{M}f^{\text{eq}}(x,t)$ 为平衡态矩向量。

从式 (5.1.42) 可以看出，$\boldsymbol{S}[m(x,t) - m^{\text{eq}}(x,t)]$ 表征了采用同一松弛速率 ω 使得所有矩向量恢复平衡状态的过程，即单松弛时间格子 Boltzmann 模型。基于此，针对不同的矩向量采用不同的松弛速率来完成碰撞过程，可以将松弛矩阵 $\boldsymbol{S}$ 改写为如下形式：

$$
\boldsymbol{S} = \begin{pmatrix}
\omega_0 & 0 & \cdots & 0 \\
0 & \omega_1 & \cdots & 0 \\
\vdots & \vdots & \ddots & \vdots \\
0 & 0 & \cdots & \omega_{q-1}
\end{pmatrix}
\tag{5.1.43}
$$

式中，q 为离散速度模型的个数。

采用式 (5.1.43) 的松弛矩阵 $\boldsymbol{S}$ 实现 LBM 中所有矩向量的松弛过程，而相应的碰撞矩阵 $\boldsymbol{\Omega}$ 可以写为：

$$
\boldsymbol{\Omega} = \boldsymbol{M}^{-1}\boldsymbol{S}\boldsymbol{M}
\tag{5.1.44}
$$

式中，$\boldsymbol{M}$ 为变换矩阵；$\boldsymbol{S}$ 为松弛矩阵。

为了求得 MRT 模型碰撞矩阵 $\boldsymbol{\Omega}$ 的元素取值，需要求得相应的变换矩阵 $\boldsymbol{M}$ 以及松弛矩阵 $\boldsymbol{S}$，以二维 D2Q9 模型为例进行介绍，矩向量 $\boldsymbol{m}$ 如下所示：

$$
\boldsymbol{m} = (\rho, e, \varepsilon, j_x, q_x, j_y, q_y, p_{xx}, p_{yy})^{\text{T}}
\tag{5.1.45}
$$

式中：ρ 为密度；e 为动量相关量；ε 为与动能平方根相关的量；j_x 和 j_y 分别为 x，y 方向上的动量分量；q_x 和 q_y 对应 x，y 方向上的流量分量；p_{xx} 和 p_{yy} 分别表示黏滞应力张量中 x，y 轴法向上分量；与动能相对应的平衡态 $\boldsymbol{m}^{\text{eq}}$ 为：

$$
\boldsymbol{m}^{\text{eq}} = \rho(1, -2 + 3u^2, \alpha + \beta u^2, u_x, -u_x, u_y, -u_y, u_x^2 - u_y^2, u_x u_y)^{\text{T}}
\tag{5.1.46}
$$

式中，α 和 β 为自由参数，当 $\alpha = 1$ 且 $\beta = -3$ 时，该平衡态函数与 SRT-LBM 中的平衡态分布函数一致；(u_x, u_y) 是 x，y 方向上的速度分量。

相应的松弛矩阵 $\boldsymbol{S}$ 如下所示：

$$
\boldsymbol{S} = \text{diag}(0, \omega_e, \omega_\varepsilon, 0, \omega_q, 0, \omega_q, \omega_\nu, \omega_\nu)
\tag{5.1.47}
$$

式中，零松弛因子对应的是密度和动量的守恒矩；ω_e 和 ω_ν 是与体积和剪切黏度相关的参数；ω_ε 和 ω_q 是可任意调节的自由参数。对应的变换矩阵 $\boldsymbol{M}$ 为：

$$\boldsymbol{M} = \begin{bmatrix} 1 & 1 & 1 & 1 & 1 & 1 & 1 & 1 & 1 \\ -4 & -1 & -1 & -1 & -1 & 2 & 2 & 2 & 2 \\ 4 & -2 & -2 & -2 & -2 & 1 & 1 & 1 & 1 \\ 0 & 1 & 0 & -1 & 0 & 1 & -1 & -1 & 1 \\ 0 & -2 & 0 & 2 & 0 & 1 & -1 & -1 & 1 \\ 0 & 0 & 1 & 0 & -1 & 1 & 1 & -1 & 1 \\ 0 & 0 & -2 & 0 & 2 & 1 & 1 & -1 & -1 \\ 0 & 1 & -1 & 1 & -1 & 0 & 0 & 0 & 0 \\ 0 & 0 & 0 & 0 & 0 & 1 & -1 & 1 & -1 \end{bmatrix} \qquad (5.1.48)$$

宏观密度和速度与单松弛格子 Boltzmann 模型中的参数相同，流体剪切黏度系数和体黏度系数分别为：

$$\upsilon = c_s^2 \left(\frac{1}{\tau_s} - \frac{1}{2} \right) \delta_t, \quad \zeta = c_s^2 \left(\frac{1}{\tau_e} - \frac{1}{2} \right) \delta_t \qquad (5.1.49)$$

4. LBM 常用边界条件及处理方法

在 LBM 数值模拟过程中，边界条件的处理极其重要。选取合理的边界条件，可以有效提高模拟精度和数值稳定性。在 N-S 方程中，边界条件是根据宏观量（压力、速度和温度等）给出的，但在 LBM 中基本变量是分布函数，不仅需要将宏观层面的流场边界离散为介观层面的分布函数边界条件，还需考虑边界层与体相区的连续性。下面介绍几种常用的边界条件：周期性边界条件、半步长反弹边界条件、分布函数外推边界条件和压力边界条件。

1）周期性边界条件

周期性边界条件适用于对称流动空间中的循环流动，其基本假设流体粒子从一个边界离开流场时，在下一个时间步从流场另一侧重新进入流场。传统二维 D2Q9 模型周期性边界条件如图 5.1.5 所示，图中虚线部分表示未知量，实线部分为已知量。

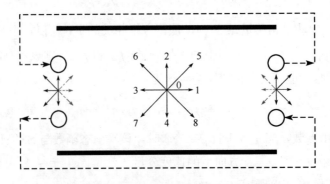

图 5.1.5　二维 D2Q9 格子模型周期性边界条件

因此，对于 x 方向流动的且周期为 L 的周期性边界条件而言，左边界上位置分布函数可以表示为：

$$f_i(0, t) = f_i(L, t), \quad i = 1, 5, 8 \qquad (5.1.50)$$

对于右边界上相应的未知分布函数，可以表示为：

$$f_i(L,t) = f_i(0,t) , \quad i = 3,6,7 \tag{5.1.51}$$

2）半步长反弹边界条件

半步长反弹格式边界条件是标准反弹格式的一种变形。标准反弹格式是处理静止无滑移壁面的一类常用格式，该边界条件假定粒子与壁面碰撞和速度逆转，即数值相等方向相反。半步长反弹格式与标准反弹格式相同，亦是在紧邻边界的流体格点上进行碰撞，但固体边界不是设置在格点上，而是设置在格点中间位置，如图 5.1.6 所示。在边界上，流场粒子发生碰撞后经过 $\delta_t/2$ 时间后到达壁面，与壁面碰撞并反转速度，再经过 $\delta_t/2$ 时间后回到流体格点：

$$f_{-i}(x_f, t + \delta_t) = f'_i(x_f, t) \tag{5.1.52}$$

式中，i 为入射粒子方向；$-i$ 为反射粒子的方向。半步长反弹边界条件具有清晰物理图像且具有二阶精度。

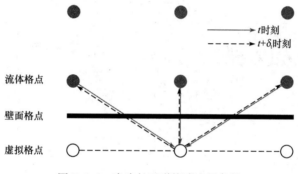

图 5.1.6　半步长反弹格式边界条件

3）分布函数外推边界条件

基于分布函数的外推边界条件是在流场与真实物理场之间布置一层虚拟边界，而物理边界当作流场的一部分执行标准的流动和迁移过程。在每一时刻执行迁移步之前，根据第一层流体格点和真实壁面上的碰撞后分布函数，对虚拟边界上的分布函数做线性外推求出，如图 5.1.7 所示，具体形式如下：

$$f'_i(-1) = 2f'_i(0) - f'_i(1) \tag{5.1.53}$$

式中，1、0 和 −1 分别表示流体边界、真实物理边界以及虚拟边界。经过上述外推步后，所有节点（包括虚拟边界上节点）的碰撞分布函数可以求得，然后对所有节点再进行迁移步的执行。由于分布函数外推格式基于泰勒展开，因此其具有二阶精度。

分布函数外推形式边界条件普适性好，可以较为容易地涉及包含梯度信息的一般边界条件格式。同时，该方法的计算量较小，容易实

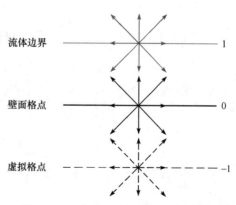

图 5.1.7　分布函数外推格式边界条件

现，但是数值稳定性较差。

4) 压力边界条件

压力边界条件常见于管道流动以及渗流运动中。基于非平衡态外推格式处理，可将边界上反弹粒子的非平衡态函数与入射粒子的非平衡态分布函数采用如下方式联系起来：

$$f_{-i}^{\text{neq}} = f_i^{\text{neq}} - \frac{c_i}{|c_i|}N \tag{5.1.54}$$

具体分析参考如图 5.1.8 所示，在 t 时刻，指向流场内部的分布函数 f_1、f_5 和 f_8 未知，根据式（5.1.54）可得：

$$\left.\begin{aligned}f_1^{\text{neq}} &= f_3^{\text{neq}} \\ f_5^{\text{neq}} &= f_7^{\text{neq}} + N_y \\ f_8^{\text{neq}} &= f_6^{\text{neq}} - N_y\end{aligned}\right\} \Rightarrow \begin{cases}f_1 = f_3 + (f_1^{\text{eq}} - f_3^{\text{eq}}) \\ f_5 = f_7 + (f_5^{\text{eq}} - f_7^{\text{eq}}) + N_y \\ f_8 = f_6 - (f_8^{\text{eq}} - f_6^{\text{eq}}) - N_y\end{cases} \tag{5.1.55}$$

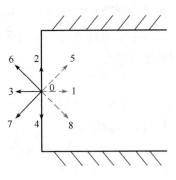

图 5.1.8 压力边界条件

将平衡态分布函数代入式（5.1.55）可得：

$$\begin{cases}f_1 = f_3 + \dfrac{2}{3}\rho u_x \\[2mm] f_5 = f_7 - \dfrac{1}{6}\rho(u_x + u_y) - N_y \\[2mm] f_8 = f_6 - \dfrac{1}{6}\rho(u_x + u_y) - N_y\end{cases} \tag{5.1.56}$$

根据宏观速度定义有：

$$\rho u_x = \sum c_i f_i = (f_4 - f_2) - \frac{1}{3}\rho u_y + 2N_y \tag{5.1.57}$$

由此可得：

$$N_y = -\frac{1}{2}(f_2 - f_4) + \frac{1}{3}\rho u_y \tag{5.1.58}$$

将式（5.1.58）代入式（5.1.57）可得：

$$\begin{cases}f_1 = f_3 + \dfrac{2}{3}\rho u_x \\[2mm] f_5 = f_7 + \dfrac{1}{2}\rho(f_4 - f_2) - \dfrac{1}{6}\rho u_x + \dfrac{1}{2}\rho u_y \\[2mm] f_8 = f_6 - \dfrac{1}{2}\rho(f_4 - f_2) - \dfrac{1}{6}\rho u_x + \dfrac{1}{2}\rho u_y\end{cases} \tag{5.1.59}$$

对于压力边界条件，密度 ρ 已知，且 $u_y = 0$，相应法向速度 u_x 可以写为：

$$u_x = 1 - \frac{f_0 + f_2 + f_4 + 2(f_6 + f_3 + f_7)}{\rho} \tag{5.1.60}$$

代入式（5.1.56）即可求出未知量 f_1、f_5 和 f_8。

5.2　水工混凝土溶蚀对流—扩散过程的 LBM 计算模型

5.2.1　水工混凝土溶蚀对流—扩散控制方程

水工混凝土内部因为孔隙以及固相颗粒的存在，可以看作是多孔介质材料，如图 5.2.1所示。孔隙单元内部包含有溶液填充的孔隙结构以及非扩散性的可溶固相颗粒，溶蚀过程发生在固液边界处，而溶蚀的钙离子迁移则发生在孔隙溶液内部。

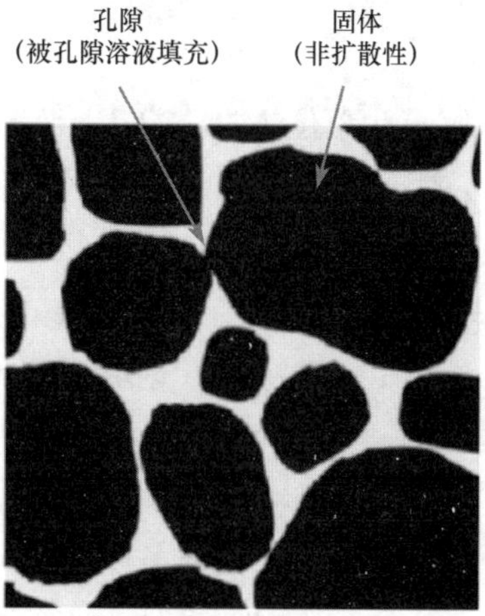

对于实际的混凝土溶蚀过程研究，由于计算条件的限制，并不能准确地将所有孔隙结构表征出来，因为水工混凝土材料内部孔隙既存在连通的孔隙结构，也可能存在单独的孔隙结构，如图 5.2.2 所示。图 5.2.2 (a)表示宏观开裂的混凝土结构，图 5.2.2 (b) 表示水泥基材料微观结构示意图。C-S-H 为水化硅酸钙，是混凝土内部主要的钙溶蚀物质，而其他的固相颗粒（如其他水泥熟料和硅酸盐等）则认为不会发生溶蚀和移动。同样，对于实际水工混凝土材料，溶蚀也分为固液边界上的溶解以及孔隙溶液内部的迁移过程，而发生在孔隙溶液中的离子迁移过程可以通过对流-扩散方程进行描述。

图 5.2.1　一个代表性的孔隙结构单元

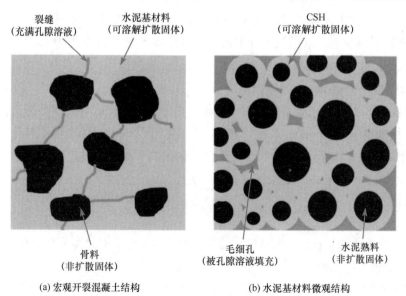

(a)宏观开裂混凝土结构　　(b)水泥基材料微观结构

图 5.2.2　水工混凝土多级孔隙结构示意图

混凝土孔隙溶液内部的离子迁移过程可以统一采用对流-扩散方程进行描述：

$$\frac{\partial C}{\partial t} = -\nabla \cdot \overline{J} \qquad (5.2.1)$$

$$J = -D_0\nabla C + uC \qquad (5.2.2)$$

式中，C 表示离子浓度；u 为速度向量；J 为离子浓度通量；D_0 为离子在孔隙溶液内的扩散系数。

由于微观代表单元内，固态物质不具有移动性质，因此可以假定固体表面的通量为 0，即：

$$J \cdot n|_{\varGamma_s} = 0 \qquad (5.2.3)$$

式中，n 为单位法向量；$\varGamma_s$ 表示无迁移发生的固体边界。

对于整体的微观孔隙结构单元，边界条件可以采用一般通式进行描述：

$$A_1 C + A_2 n\nabla C = A_3 \qquad (5.2.4)$$

式中，A_1、A_2 和 A_3 均为常数。

当 A_1、A_2 和 A_3 选取不同的数值时，根据式（5.2.4）可以得出一些特殊的边界条件：

① Dichilet 边界条件：$A_1 = 1$，$A_2 = 0$
② Neumann 边界条件：$A_1 = 0$，$A_2 = 1$
③ Cauchy 边界条件：$A_1 = u_b$，$A_2 = -D_0$，$A_3 = C_b u_b$

5.2.2　水工混凝土溶蚀对流-扩散过程的 LBM 计算模型

为了求解对流-扩散过程的基本控制方程，通常可以采用有限元或者有限差分法计算，但水工混凝土溶蚀问题涉及固液边界的化学反应处理，以及化学反应后固液边界变化的模拟，这在有限元方法中较难实现，LBM 在保证计算精度的基础上，可精确表征固液边界问题。LBM 计算模型中，采用粒子分布函数代替原本的粒子浓度作为未知数建模，为求解相应的对流-扩散过程，需要从 LBM 基本方程进行相关推导。

1. 单松弛格子 Boltzmann 计算模型

根据如图 5.2.1 所示孔隙结构图对于单松弛格子 Boltzmann 计算模型进行控制方程推导。采用单松弛格子 Boltzmann 模型计算时，假定粒子之间的碰撞会促使其分布函数 f 向其平衡态 f_i^{eq} 接近，且碰撞所引起的变化量与 f 的偏离平衡程度成正比：

$$f_i(x + e_i\Delta t, t + \Delta t) = f_i(x,t) + \Delta t\varOmega_i(x,t) \qquad (5.2.5)$$

$$\varOmega_i(x,t) = -\frac{1}{\tau}\big[f_i(x,t) - f_i^{eq}(x,t)\big] \qquad (5.2.6)$$

式中，x 代表粒子所处位置；e_i 表示粒子速度分量；i 表示速度分布方向；$\varOmega_i$ 为相应的碰撞算子；τ 为松弛时间系数。

对式（5.2.5）采用 Chapman-Enskog 展开分析，即可得到溶蚀过程中对流-扩散物理过程的控制方程。具体操作步骤如下：

首先将（5.2.5）等号左边采用泰勒级数展开，得到：

$$f_i(\boldsymbol{x}+\boldsymbol{e}_i\Delta t,t+\Delta t)=f_i(\boldsymbol{x},t)+\sum_{n=1}^{\infty}\frac{1}{n!}\left[\Delta t\left(\frac{\partial}{\partial t}+\boldsymbol{e}_i\cdot\boldsymbol{\nabla}\right)\right]^n f_i(\boldsymbol{x},t) \quad (5.2.7)$$

将式（5.2.7）代入式（5.2.5）得到：

$$\sum_{n=1}^{\infty}\frac{1}{n!}\left[\Delta t\left(\frac{\partial}{\partial t}+\boldsymbol{e}_i\cdot\boldsymbol{\nabla}\right)\right]^n f_i(\boldsymbol{x},t)=\Delta t\Omega_i(\boldsymbol{x},t) \quad (5.2.8)$$

仅将式（5.2.8）展开至二阶，可以得到：

$$\left[\frac{\partial}{\partial t}+\boldsymbol{e}_i\cdot\boldsymbol{\nabla}+\frac{\Delta}{2}\left(\frac{\partial^2}{\partial t^2}+2\frac{\partial}{\partial t}\boldsymbol{e}_i\cdot\boldsymbol{\nabla}+\boldsymbol{e}_i\boldsymbol{e}_i:\boldsymbol{\nabla}\boldsymbol{\nabla}\right)\right]f_i(\boldsymbol{x},t)=\Delta t\Omega_i(\boldsymbol{x},t)+O(\Delta t^3)$$

$$(5.2.9)$$

然后对时间和空间分布按照一个小参数 ε 进行展开，时间的展开项为：

$$\frac{\partial}{\partial t}=\varepsilon\frac{\partial}{\partial t_1}+\varepsilon^2\frac{\partial}{\partial t_2}+O(\varepsilon^3) \quad (5.2.10)$$

关于空间的微分可以展开为：

$$\boldsymbol{\nabla}=\varepsilon\boldsymbol{\nabla}^*+O(\varepsilon^3) \quad (5.2.11)$$

此时粒子分布函数以及碰撞函数可以采用同样的方式进行展开为：

$$f_i=f_i^{(0)}+\varepsilon f_i^{(1)}+\varepsilon^2 f_i^{(2)}+O(\varepsilon^3) \quad (5.2.12)$$

$$\Omega_i=\Omega_i^{(0)}+\varepsilon\Omega_i^{(1)}+\varepsilon^2\Omega_i^{(2)}+O(\varepsilon^3) \quad (5.2.13)$$

将式（5.2.10）～式（5.2.13）代入式（5.2.9），并略去高阶极小项 $O(\varepsilon^3)$ 可得：

$$\left[\varepsilon\frac{\partial}{\partial t_1}+\varepsilon^2\frac{\partial}{\partial t_2}+\varepsilon\boldsymbol{e}_i\cdot\boldsymbol{\nabla}^*+\varepsilon^2\frac{\Delta t}{2}\frac{\partial^2}{\partial t_1^2}+\varepsilon^2\Delta t\frac{\partial}{\partial t_1}\boldsymbol{e}_i\cdot\boldsymbol{\nabla}^*+\varepsilon^2\frac{\Delta t}{2}\boldsymbol{e}_i\boldsymbol{e}_i:\boldsymbol{\nabla}^*\boldsymbol{\nabla}^*\right]$$

$$\cdot(f_i^{(0)}+\varepsilon f_i^{(1)})=\Omega_i^{(0)}+\varepsilon\Omega_i^{(1)}+\varepsilon^2\Omega_i^{(2)} \quad (5.2.14)$$

根据式（5.2.10）可以看出，对流-扩散方程存在两个时间尺度，分别对应于对流时间尺度（t_1）以及扩散时间尺度（t_2）。因此粒子分布函数也可以认为是将对流和扩散过程分开考虑，即从原来的分布函数 $f_i(x,t)$ 映射到新的分布函数 $f_i(x^*,t_1,t_2)$。因此在进行 Chapman-Enskog 展开过程中，可以将不同过程分离，并且通过比较具有相同 ε 阶数的项分别讨论不同过程中的物理现象，可以得出相应的相关关系如下所示：

$$O(\varepsilon^0):-\frac{\Delta t}{\tau}(f_i^{(0)}-f_i^{\text{eq}})=0 \quad (5.2.15)$$

$$O(\varepsilon^1):\left[\frac{\partial}{\partial t_1}+\boldsymbol{e}_i\cdot\boldsymbol{\nabla}^*\right]f_i^{(0)}=-\frac{1}{\tau}f_i^{(1)} \quad (5.2.16)$$

$$O(\varepsilon^2):\left[\frac{\partial}{\partial t_2}+\frac{\Delta t}{2}\frac{\partial^2}{\partial t_1^2}+\Delta t\frac{\partial}{\partial t_1}\boldsymbol{e}_i\cdot\boldsymbol{\nabla}^*+\frac{\Delta t}{2}\boldsymbol{e}_i\boldsymbol{e}_i:\boldsymbol{\nabla}^*\boldsymbol{\nabla}^*\right]f_i^{(0)}$$

$$+\left[\frac{\partial}{\partial t_1}+\boldsymbol{e}_i\cdot\boldsymbol{\nabla}^*\right]f_i^{(1)}=-\frac{1}{\tau}f_i^{(2)} \quad (5.2.17)$$

根据式（5.2.15）可以得出 $f_i^{(0)}=f_i^{\text{eq}}$，将其代入式（5.2.9）可以得到：

$$\begin{cases} \sum_i f_i = \sum_i f_i^{(0)} = \sum_i f_i^{eq} = C \\ \sum_i f_i^{(1)} = \sum_i f_i^{(2)} = 0 \end{cases} \tag{5.2.18}$$

取 $O(\varepsilon^1)$ 的 0 阶矩，并将式（5.2.18）代入式（5.2.16）可得：

$$\sum_i \left[\frac{\partial}{\partial t_1} + \boldsymbol{e}_i \cdot \boldsymbol{\nabla}^* \right] f_i^{(0)} = 0 \tag{5.2.19}$$

再将式（5.2.16）代入式（5.2.19）可以得到：

$$\left[\frac{\partial}{\partial t_2} + \left(\frac{\Delta t}{2} - \tau\right) \frac{\partial^2}{\partial t_1^2} + (\Delta t - 2\tau) \frac{\partial}{\partial t_1} \boldsymbol{e}_i \cdot \boldsymbol{\nabla}^* + \left(\frac{\Delta t}{2} - \tau\right) \boldsymbol{e}_i \boldsymbol{e}_i : \boldsymbol{\nabla}^* \boldsymbol{\nabla}^* \right] f_i^{(0)} = -\frac{1}{\tau} f_i^{(2)} \tag{5.2.20}$$

在式（5.2.20）中取 0 阶矩可得：

$$\frac{\partial \sum_i f_i^{(0)}}{\partial t_2} + \left(\frac{\Delta t}{2} - \tau\right) \frac{\partial^2 \sum_i f_i^{(0)}}{\partial t_1^2} + (\Delta t - 2\tau) \frac{\partial}{\partial t_1} \boldsymbol{\nabla}^* \cdot \sum_i f_i^{(0)} \boldsymbol{e}_i$$
$$+ \left(\frac{\Delta t}{2} - \tau\right) \boldsymbol{\nabla}^* \boldsymbol{\nabla}^* \sum_i f_i^{(0)} \boldsymbol{e}_i \boldsymbol{e}_i = 0 \tag{5.2.21}$$

由式（5.2.19）可知，$\dfrac{\partial^2 \sum_i f_i^{(0)}}{\partial t_1^2}$ 可以改写为 $-\boldsymbol{\nabla}^* \cdot \sum_i f_i^{(0)} \boldsymbol{e}_i$ 的形式，将其代入式（5.2.21）可得：

$$\frac{\partial \sum_i f_i^{eq}}{\partial t_2} + \left(\frac{\Delta t}{2} - \tau\right) \frac{\partial}{\partial t_1} \boldsymbol{\nabla}^* \cdot \sum_i f_i^{eq} \boldsymbol{e}_i + \left(\frac{\Delta t}{2} - \tau\right) \boldsymbol{\nabla}^* \boldsymbol{\nabla}^* \sum_i f_i^{eq} \boldsymbol{e}_i \boldsymbol{e}_i = 0 \tag{5.2.22}$$

选取不同的格子类型，即选取不同的速度分布函数，将得到不同的平衡状态分布函数，将相应的平衡状态分布函数代入式（5.22）即可得到相应的对流-扩散控制方程。

对式（5.2.22）进行进一步化简，其中式（5.2.22）中方程左边第一项与格子结构以及平衡状态分布函数无关，因此可以改写为：

$$\frac{\partial \sum_i f_i^{eq}}{\partial t_2} = \frac{\partial C}{\partial t_2} \tag{5.2.23}$$

将式（5.2.10）以及式（5.2.19），化简得到：

$$\frac{\partial \sum_i f_i^{eq}}{\partial t_2} = \frac{1}{\varepsilon^2} \left(\frac{\partial C}{\partial t} + \boldsymbol{\nabla} \cdot \boldsymbol{u} C \right) \tag{5.2.24}$$

将式（5.2.22）方程左边第二项可以相应地改写为：

$$\left(\frac{\Delta t}{2} - \tau\right) \frac{\partial}{\partial t_1} \boldsymbol{\nabla}^* \cdot \sum_i f_i^{eq} \boldsymbol{e}_i = \left(\frac{\Delta t}{2} - \tau\right) \boldsymbol{\nabla}^* \cdot \left[\boldsymbol{u} \frac{\partial C}{\partial t_1} + C \frac{\partial \boldsymbol{u}}{\partial t_1} \right] \tag{5.2.25}$$

考虑流量不随时间快速变化，即 $\dfrac{\partial \boldsymbol{u}}{\partial t_1} = 0$；将其与式（5.2.16）共同代入式（5.2.25）可以得到：

$$\left(\frac{\Delta t}{2} - \tau\right) \frac{\partial}{\partial t_1} \boldsymbol{\nabla}^* \cdot \sum_i f_i^{eq} \boldsymbol{e}_i = -\left(\frac{\Delta t}{2} - \tau\right) \boldsymbol{\nabla}^* \boldsymbol{u} \boldsymbol{u} \boldsymbol{\nabla}^* C \tag{5.2.26}$$

对于不可压缩流体 $\boldsymbol{\nabla} \cdot \boldsymbol{u} = 0$，结合式（5.2.11）可得：

$$\left(\frac{\Delta t}{2} - \tau\right)\frac{\partial}{\partial t_1} \boldsymbol{\nabla}^* \cdot \sum_i f_i^{\text{eq}} \boldsymbol{e}_i = -\frac{1}{\varepsilon^2}\left(\frac{\Delta t}{2} - \tau\right)\boldsymbol{u} \cdot \boldsymbol{u} \boldsymbol{\nabla}^2 C \tag{5.2.27}$$

式（5.2.22）中，方程左边第三项与格子形状以及平衡状态分布函数的选择有关。当选取一次型平衡函数时，该项与格子类型的选取无关，结合式（5.2.10）可得：

$$\left(\frac{\Delta t}{2} - \tau\right)\boldsymbol{\nabla}^{*2} \sum_i f_i^{\text{eq}} \boldsymbol{e}_i \cdot \boldsymbol{e}_i = \frac{1}{\varepsilon^2} e_s^2 \left(\frac{\Delta t}{2} - \tau\right)\boldsymbol{\nabla}^2 C \tag{5.2.28}$$

当选取二次型平衡分布函数且采用正交的网格类型时，结合式（5.2.10），可将式（5.2.22）中方程左边第三项改写为如下形式：

$$\left(\frac{\Delta t}{2} - \tau\right)\boldsymbol{\nabla}^{*2} \sum_i f_i^{\text{eq}} \boldsymbol{e}_i \cdot \boldsymbol{e}_i = \frac{1}{\varepsilon^2}\left[\left(e_s^2 - \frac{u_\gamma u_\gamma}{2}\right)\delta_{\alpha\beta} + \frac{u_\gamma u_\delta \delta_{\alpha\beta\gamma\delta}}{2e_s^2}\right]\left(\frac{\Delta t}{2} - \tau\right)\boldsymbol{\nabla}_{\alpha\beta} C \tag{5.2.29}$$

式中，α、β、γ 和 δ 分别对应正交网格系统下的四个速度分量。

当采用二次型平衡分布函数且选取更高阶的格子结构类型时，相应的式（5.2.22）中方程右侧第三项可以改写为：

$$\left(\frac{\Delta t}{2} - \tau\right)\boldsymbol{\nabla}^{*2} \sum_i f_i^{\text{eq}} \boldsymbol{e}_i \cdot \boldsymbol{e}_i = \frac{1}{\varepsilon^2}(e_s^2 + \boldsymbol{u} \cdot \boldsymbol{u})\left(\frac{\Delta t}{2} - \tau\right)\boldsymbol{\nabla}^2 C \tag{5.2.30}$$

综上所述，对于选取一次型平衡分布函数时，不管格子形状如何选取，对流-扩散控制方程为：

$$\frac{\partial C}{\partial t} + \boldsymbol{\nabla} C \cdot \boldsymbol{u} = \left(\tau - \frac{\Delta t}{2}\right)(e_s^2 - \boldsymbol{u} \cdot \boldsymbol{u})\boldsymbol{\nabla}^2 C \tag{5.2.31}$$

对于正交格子结构，选取二次型平衡分布函数时，对流-扩散控制方程为：

$$\frac{\partial C}{\partial t} + \boldsymbol{\nabla}_\alpha C u_\alpha = \left[e_s^2 \delta_{\alpha\beta} + \left(\frac{u_\gamma u_\delta \delta_{\alpha\beta\gamma\delta}}{2e_s^2} - \frac{u_\gamma u_\gamma}{2}\delta_{\alpha\beta} - u_\alpha u_\beta\right)\right]\left(\tau - \frac{\Delta t}{2}\right)\boldsymbol{\nabla}_{\alpha\beta} C \tag{5.2.32}$$

对于更高阶格子结构以及二次型平衡分布函数，对流-扩散控制方程为：

$$\frac{\partial C}{\partial t} + \boldsymbol{\nabla} C \cdot \boldsymbol{u} = e_s^2 \left(\tau - \frac{\Delta t}{2}\right)\boldsymbol{\nabla}^2 C \tag{5.2.33}$$

综合式（5.2.31）、式（5.2.32）以及式（5.2.33），可以定义扩散系数 D_0 为：

$$D_0 = e_s^2 \left(\tau - \frac{\Delta t}{2}\right) \tag{5.2.34}$$

根据式（5.2.31）～式（5.2.33）不难发现，只有具有二次型平衡分布函数的高阶网格上模拟对流-扩散方程时不会产生误差项，这个结论也被相关学者得以验证。因此，可以进一步进行假设 $\boldsymbol{u} \cdot \boldsymbol{u}/e_s^2 \approx 0$。此时，在运用线性平衡分布函数或者具有二次型平衡分布函数下的正交网格进行对流-扩散问题模拟时，误差项可以看作是 0。

以上公式推导是基于如图 5.2.1 所示的 RVE 结构单元进行的控制方程推导，对于如图 5.2.2 所示的混凝土多孔介质结构单元，需要在原对流-扩散方程基础上进行部分改动，改变后的对流-扩散方程具体形式如下所示：

$$\begin{cases} \dfrac{\partial \phi C}{\partial t} = -\boldsymbol{\nabla} \cdot \boldsymbol{J} + (1 - \phi)\dfrac{\partial C}{\partial t} + C\dfrac{\partial \phi}{\partial t} \\ \boldsymbol{J} = -D_e \boldsymbol{\nabla} C + \boldsymbol{u}_e C \end{cases} \tag{5.2.35}$$

式中，D_e 称为有效扩散系数，其值为 ϕD_p；$\boldsymbol{u}_e$ 称为达西流速，其值为 $\phi\boldsymbol{u}$。

式（5.2.35）可以看作是在式（5.2.5）的基础上，额外添加了一个外力项 $\boldsymbol{F} = (1-\phi)\dfrac{\partial C}{\partial t} + C\dfrac{\partial \phi}{\partial t}$，且选取相应的扩散系数为 D_e 后构成的。在基于扩散系数变化速度的 LBM 中，碰撞项的考虑参考单松弛时间格子 Boltzmann 方法，而将额外的外力项单独添加表示，可以得到：

$$\begin{cases} f_i(\boldsymbol{x}+\boldsymbol{e}_i\Delta t, t+\Delta t) = f_i(\boldsymbol{x}, t) + \Omega_i^{\mathrm{SRT}}(\boldsymbol{x}, t) + w_i\boldsymbol{F} \\ \Omega_i^{\mathrm{SRT}}(\boldsymbol{x}, t) = -\dfrac{1}{\tau}\big[f_i(\boldsymbol{x}, t) - f_i^{\mathrm{eq}}(\boldsymbol{x}, t)\big] \end{cases} \tag{5.2.36}$$

外力项内部所需的浓度或者孔隙率关于时间的导数的表达式可以通过一阶有限差分的方法进行计算：

$$\begin{cases} \dfrac{\partial C}{\partial t} = \dfrac{C^{(t)} - C^{(t-\Delta t)}}{\Delta t} \\ \dfrac{\partial \phi}{\partial t} = \dfrac{\phi^{(t)} - \phi^{(t-\Delta t)}}{\Delta t} \end{cases} \tag{5.2.37}$$

2. 双松弛格子 Boltzmann 计算模型

在双松弛格子 Boltzmann 方法中，采用两种松弛时间参数分别控制平衡分布函数中的对称以及反对称部分。对称平衡分布函数（f^+）以及反对称平衡分布函数（f^-）定义如下：

$$f_i^+ = \frac{f_i + f_{-i}}{2}, \ f_i^- = \frac{f_i - f_{-i}}{2} \tag{5.2.38}$$

式中，f^+ 和 f^- 分别对应速度 $\boldsymbol{e}_i$ 和 $\boldsymbol{e}_{-i}$ 下的平衡分布函数。

上述关于对称及非对称部分的定义包含了一个数值条件，即所有非对称部分的偶数矩以及所有对称部分的奇数矩为 0。双松弛时间的格子 Boltzmann 方程可以写为如下形式：

$$f_i(\boldsymbol{x}+\boldsymbol{e}_i\Delta t, t+\Delta t) = f_i(\boldsymbol{x}, t) + \Delta t \Omega_i^{\mathrm{TRT}}(\boldsymbol{x}, t) \tag{5.2.39}$$

$$\Omega_i^{\mathrm{TRT}}(x, t) = -\frac{1}{\tau_+}\big[f_i^+(x, t) - f_i^{\mathrm{eq}+}(\boldsymbol{x}, t)\big] - \frac{1}{\tau_-}\big[f_i^-(\boldsymbol{x}, t) - f_i^{\mathrm{eq}-}(\boldsymbol{x}, t)\big] \tag{5.2.40}$$

式（5.2.40）中，τ_+ 和 τ_- 为两个松弛时间系数，分别对应于平衡分布函数的对称部分以及非对称部分。

同样运用单松弛时间格子 Boltzmann 方法中采用的 Chapman-Enskog 展开方法将式（5.2.39）进行展开，合并相同阶数下的 ε 项，可以得到：

$$O(\varepsilon^0): -\frac{\Delta t}{\tau_+}(f_i^{+(0)} - f_i^{\mathrm{eq}+}) - \frac{\Delta t}{\tau_-}(f_i^{-(0)} - f_i^{\mathrm{eq}-}) = 0 \tag{5.2.41}$$

$$O(\varepsilon^1): \left(\frac{\partial}{\partial t_1} + \boldsymbol{e}_i \cdot \boldsymbol{\nabla}^*\right)f_i^{(0)} = -\frac{1}{\tau_+}f_i^{+(1)} - \frac{1}{\tau_-}f_i^{-(1)} \tag{5.2.42}$$

$$O(\varepsilon^2): \left(\frac{\partial}{\partial t_2} + \frac{\Delta t}{2}\frac{\partial^2}{\partial t_1^2} + \Delta t\frac{\partial}{\partial t_1}\boldsymbol{e}_i \cdot \boldsymbol{\nabla}^* + \frac{\Delta t}{2}\boldsymbol{e}_i\boldsymbol{e}_i : \boldsymbol{\nabla}^*\boldsymbol{\nabla}^*\right)f_i^{(0)}$$
$$+ \left(\frac{\partial}{\partial t_1} + \boldsymbol{e}_i \cdot \boldsymbol{\nabla}^*\right)f_i^{(1)} = -\frac{1}{\tau_+}f_i^{+(2)} - \frac{1}{\tau_-}f_i^{-(2)} \tag{5.2.43}$$

根据式（5.2.9），对于 $O(\varepsilon^0)$ 项，可以得出：

$$\begin{cases} \sum_i f_i = \sum_i f_i^{(0)} = \sum_i f_i^{+(0)} = C \\ \sum_i f_i^{(1)} = \sum_i f_i^{(2)} = \cdots = 0 \\ \sum_i f_i^{+(1)} = \sum_i f_i^{+(2)} = \cdots = 0 \end{cases} \tag{5.2.44}$$

将式（5.2.44）代入式（5.2.19）得到：

$$\frac{\partial^2 \sum_i f_i^{(0)}}{\partial t_1^2} = -\frac{\partial}{\partial t_1} \boldsymbol{e}_i \cdot \boldsymbol{\nabla}^* \sum_i f_i^{(0)} \tag{5.2.45}$$

对 $O(\varepsilon^1)$ 取 0 阶矩可以得到式（5.2.20），对 $O(\varepsilon^2)$ 取 0 阶矩可以得到：

$$\sum_i \left(\frac{\partial}{\partial t_2} + \frac{\Delta t}{2} \frac{\partial^2}{\partial t_1^2} + \Delta t \frac{\partial}{\partial t_1} \boldsymbol{e}_i \cdot \boldsymbol{\nabla}^* + \frac{\Delta t}{2} \boldsymbol{e}_i \boldsymbol{e}_i : \boldsymbol{\nabla}^* \boldsymbol{\nabla}^* \right) f_i^{(0)} + \boldsymbol{\nabla}^* \cdot \sum_i f_i^{(1)} \boldsymbol{e}_i = 0 \tag{5.2.46}$$

将式（5.2.19）代入式（5.2.46）中，可以得到：

$$\boldsymbol{\nabla}^* \cdot \sum_i f_i^{(1)} \boldsymbol{e}_i = \boldsymbol{\nabla}^* \cdot \sum_i f_i^{-(1)} \boldsymbol{e} = -\tau_- \sum_i \left[\frac{\partial}{\partial t_1} \boldsymbol{e}_i \cdot \boldsymbol{\nabla}^* + \boldsymbol{e}_i \boldsymbol{e}_i : \boldsymbol{\nabla}^* \boldsymbol{\nabla}^* \right] f_i^{(0)} \tag{5.2.47}$$

再将式（5.2.45）以及式（5.2.47）代入式（5.2.44）可以得到：

$$\frac{\partial \sum_i f_i^{eq}}{\partial t_2} + \left(\frac{\Delta t}{2} - \tau_- \right) \frac{\partial}{\partial t_1} \boldsymbol{\nabla}^* \cdot \sum_i f_i^{eq} \boldsymbol{e}_i + \left(\frac{\Delta t}{2} - \tau_- \right) \boldsymbol{\nabla}^{*2} \sum_i f_i^{eq} \boldsymbol{e}_i \cdot \boldsymbol{e}_i = 0 \tag{5.2.48}$$

将式（5.2.48）与式（5.2.22）进行比较发现，两者形式相同，差异仅体现在松弛时间系数上，双松弛时间 Boltzmann 计算模型中的控制方程只是将单松弛时间 Boltzmann 模型中的松弛时间系数 τ 改为了 τ_-，由此可以得出采用不同网格形状和平衡分布函数下的对流-扩散控制方程：

采用一次型平衡分布函数时，不管如何选取网格形状，对流-扩散方程为：

$$\frac{\partial C}{\partial t} + \boldsymbol{\nabla} C \cdot \boldsymbol{u} = \left(\tau_- - \frac{\Delta t}{2} \right)(e_s^2 - \boldsymbol{u} \cdot \boldsymbol{u}) \boldsymbol{\nabla}^2 C \tag{5.2.49}$$

采用二次型平衡分布函数下，选取正交网格时对流-扩散控制方程为：

$$\frac{\partial C}{\partial t} + \boldsymbol{\nabla}_a C u_\beta = \left[e_s^2 \delta_{\alpha\beta} + \left(\frac{u_\gamma u_\delta \delta_{\alpha\beta\gamma\delta}}{2 e_s^2} - \frac{u_\gamma u_\gamma}{2} \delta_{\alpha\beta} - u_\alpha u_\beta \right) \right] \left(\tau_- - \frac{\Delta t}{2} \right) \boldsymbol{\nabla}_{\alpha\beta} C \tag{5.2.50}$$

采用二次型平衡分布函数，选取高阶网格时的对流-扩散控制方程为：

$$\frac{\partial C}{\partial t} + \boldsymbol{\nabla} C \cdot \boldsymbol{u} = e_s^2 \left(\tau_- - \frac{\Delta t}{2} \right) \boldsymbol{\nabla}^2 C \tag{5.2.51}$$

同样地，扩散系数表达式为：

$$D_0 = e_s^2 \left(\tau_- - \frac{\Delta t}{2} \right) \tag{5.2.52}$$

值得注意的是，双松弛时间格子 Boltzmann 方法描述的对流-扩散问题中，扩散系数仅仅与 τ_- 有关，而与 τ_+ 无关，但是可以通过调整 τ_+ 的取值来提高算法的精度和稳定性。

5.2.3　广义边界条件及其改进

由公式（5.2.4）给出的水工混凝土溶蚀的基本物理模型广义边界条件是根据宏观结

构给定的。但是，对于 Boltzmann 计算模型中涉及的边界，需要求出的是微观晶格单元上未知分布函数的值，根据考虑的实际物理问题的不同，可以采用不同的边界处理方法来求出相应的位置分布函数值。

1）非平衡态标准反弹格式边界条件

Zhang 提出一种非平衡态标准反弹格式边界条件来实现对流-扩散问题中的广义边界条件计算，这种方法主要假定了非平衡状态函数 f_i^{neq} 的反弹是按照速度相反的方式进行的，即 $f_i^{\text{neq}} = f_{-i}^{\text{neq}}$，因此可以得到：

$$f_i(\boldsymbol{x}_{\text{b}}) + f_{-i}(\boldsymbol{x}_{\text{b}}) = f_i^{\text{eq}}(\boldsymbol{x}_{\text{b}}) + f_{-i}^{\text{eq}}(\boldsymbol{x}_{\text{b}}) = 2w_i C(\boldsymbol{x}_{\text{b}}) \left[1 + I_n \left(\frac{\boldsymbol{ee} : \boldsymbol{uu}}{2e_{\text{s}}^4} - \frac{\boldsymbol{u} \cdot \boldsymbol{u}}{2e_{\text{s}}^2} \right) \right]$$

$$(5.2.53)$$

式中，I_n 的取值与所选 EDF 类型有关，当选取一次型 EDF 时，$I_n = 0$；取二次型 EDF 时，$I_n = 1$。

浓度梯度的求解可以根据式（5.2.4）采用有限差分的方法进行计算，相应地，边界上的浓度分布可以通过计算得到：

$$C(\boldsymbol{x}_{\text{b}}) = \frac{A_3 - A_2 C(\boldsymbol{x}_{\text{f}}) \dfrac{\boldsymbol{n} \cdot \boldsymbol{e}_i}{\Delta x}}{A_1 - A_2 \dfrac{\boldsymbol{n} \cdot \boldsymbol{e}_i}{\Delta x}}$$

$$(5.2.54)$$

式中，$\boldsymbol{x}_{\text{f}}$ 为相邻流体节点的位置向量。

这种方法可以看作是回弹边界条件的一种拓展，且边界上的浓度可以通过式（5.2.54）进行计算确定。

2）非平衡态外推格式

对于流体粒子的分布函数，一般可以将边界节点上的分布函数分解为平衡态和非平衡态两部分：

$$f_i(\boldsymbol{x}_{\text{b}}) = f_i^{\text{eq}}(\boldsymbol{x}_{\text{b}}) + f_i^{\text{neq}}(\boldsymbol{x}_{\text{b}})$$

$$(5.2.55)$$

通常 $f_i^{\text{neq}}(\boldsymbol{x}_{\text{b}}) \ll f_i^{\text{eq}}(\boldsymbol{x}_{\text{b}})$，因此可以近似假定 $f_i^{\text{neq}}(\boldsymbol{x}_{\text{b}}) = f_i(\boldsymbol{x}_{\text{f}}) - f_i^{\text{eq}}(\boldsymbol{x}_{\text{f}})$。此时对于边界上未知分布函数可以表征为：

$$f_i(\boldsymbol{x}_{\text{b}}) = f_i^{\text{eq}}(\boldsymbol{x}_{\text{b}}) + f_i(\boldsymbol{x}_{\text{f}}) - f_i^{\text{eq}}(\boldsymbol{x}_{\text{f}})$$

$$(5.2.56)$$

随后，同样可以采用式（5.2.54）计算边界处的浓度分布，即可求得相应的分布函数分量，最终求得位置分布函数。

3）正规化边界条件

该方法基于非平衡部分外推的边界条件处理方法，将非平衡部分用一个正规化分布函数进行替代。如下式所示：

$$f_i(\boldsymbol{x}_{\text{b}}) = f_i^{\text{eq}}(\boldsymbol{x}_{\text{b}}) + f_i^{(1)}(\boldsymbol{x}_{\text{b}})$$

$$(5.2.57)$$

对于对流-扩散问题，$f_i^{(1)}(\boldsymbol{x}_{\text{b}})$ 定义为：

$$f_i^{(1)}(\boldsymbol{x}_{\text{b}}) = -\tau w_i \boldsymbol{e}_i \cdot \nabla C$$

$$(5.2.58)$$

式（5.2.58）中关于浓度梯度的计算通过在局部采用有限差分法进行计算，或者可以通过式（5.2.57）计算出 $f_i(\boldsymbol{x}_b)$，然后将 $f_i^{(1)}$ 中未知量记为 $f_i^{(1)}$ 进行计算，该近似方法仅适用于 $f_i^{(1)}$ 选取为式（5.2.58）的形式情况下，随后通过 $f_i^{(1)} = f_i - f_i^{eq}$ 求解出所有未知量，即可换算为浓度梯度。一旦浓度梯度求出，所有边界上的分布函数采用正规化函数进行替换。

4）差分格式边界条件处理

在正交网格系统中，边界处只有一个未知分布函数，在这种情况下，可以简单将未知量作为边界上浓度与相邻边界传导至该边界处的浓度分布总和的插值进行计算：

$$f_i = C(\boldsymbol{x}_b) - \sum_{j \neq i} f_j \tag{5.2.59}$$

然后根据式（5.2.54）可以求得边界处的未知浓度分布。

5）新型非平衡部分回弹格式边界

采用水工混凝土溶蚀对流-扩散过程的单松弛时间 LBM 模型中浓度梯度计算公式，对于正交网格下的线性 EDF 模型，基于回弹边界条件的假定 $f_i = -f_{-i}$，将式（5.2.53）可以改写为：

$$C(\boldsymbol{x}_b) = \frac{f_i + f_{-i}}{2} \tag{5.2.60}$$

而 $\boldsymbol{n} \cdot \nabla C$ 可以写为：

$$\boldsymbol{n} \cdot \nabla C = \frac{1}{\tau e_s^2} \Big[(f_i \boldsymbol{e}_i + f_{-i} \boldsymbol{e}_{-i}) - \boldsymbol{u} \Big(\frac{f_i + f_{-i}}{2w_i} \Big) \Big] \cdot \boldsymbol{n} \tag{5.2.61}$$

由此可得边界上未知分布函数 f_i 的表达式为：

$$f_i = \frac{A_3 - f_{-i} \Big[\dfrac{A_1}{2w_i} + \dfrac{A_2}{\tau e_s^2} \Big(\dfrac{\boldsymbol{u}}{2w_i} - \boldsymbol{e}_{-i} \Big) \cdot \boldsymbol{n} \Big]}{\dfrac{A_1}{2w_i} + \dfrac{A_2}{\tau e_s^2} \Big(\dfrac{\boldsymbol{u}}{2w_i} - \boldsymbol{e}_i \Big) \cdot \boldsymbol{n}} \tag{5.2.62}$$

5.3　考虑物-化耦合的水工混凝土溶蚀 LBM 计算模型

实际工程中的混凝土渗漏溶蚀存在溶解和迁移两个基本过程，具有典型的物-化耦合特性。引入 LBM，可以利用 LBM 对溶蚀过程中孔隙溶液内部钙离子的迁移过程进行模拟计算，实现溶蚀期间孔隙溶液内部离子浓度随时间变化的特征分析。但溶蚀过程并非单一的离子迁移，还存在化学反应过程，例如 CH 以及 C-S-H 固相边界上的溶解平衡，因此需要将化学过程耦合在对流-扩散的迁移过程中，才能完整模拟混凝土内部溶蚀的具体过程。对于混凝土内存在的局部 C-S-H 和 CH 固液溶解过程，采用传统的有限元法，虽能进行简单的描述，但由于混凝土的溶蚀是不断发生的，其固液边界会随之发生变化，为适应和分析该变化特性，传统有限单元法需要重新进行网格划分和定义，处理烦琐，而对于 LBM，由于其关注点为粒子本身，因此可以更为方便地模拟固液边界的移动过程。

5.3.1 水工混凝土物-化耦合溶蚀控制方程

对于实际的水工混凝土溶蚀过程模拟分析，相比较于传统的对流-扩散方程，当溶液中存在化学反应过程的时候，其控制方程的一般形式表达为：

$$
\begin{cases}
\dfrac{\partial C^j}{\partial t} = -\nabla \cdot \boldsymbol{J}^j + R_{\text{hom}}^j \\[3mm]
\boldsymbol{J}^j = -\phi z_j \dfrac{D_{\text{p}}^j C^j}{RT} F \nabla \boldsymbol{\Psi} - \phi D_{\text{p}}^j (\nabla C^j + C^j \ln \gamma^j) + \phi \boldsymbol{u} C^j
\end{cases}
\tag{5.3.1}
$$

式中，C^j 表示离子 j 的浓度；R_{hom}^j 为化学反应导致的离子浓度的变化；z_j 为离子价数；γ^j 为离子 j 的化学反应活度系数；D_{p}^j 是离子 j 在孔隙溶液中的扩散系数；$\boldsymbol{u}$ 为孔隙溶液的流速；ϕ 为孔隙率；对于混凝土材料，ϕ 和 D_{p}^j 的取值分别为 1 和 D_0^j，其中 D_0^j 表示离子 j 在纯水中的扩散系数；$\boldsymbol{\Psi}$ 为电势差；R 为气体常数；T 代表温度；F 为法拉第常数。

式（5.3.1）中方程右侧第一项表示因为离子局部电势差引起的离子迁移；第二项为离子本身浓度梯度存在引起的扩散；第三项表示流场存在引起的对流迁移。为了计算电势差，需要在质量平衡方程的基础上耦合一个泊松方程进行计算：

$$
\nabla \cdot \nabla \psi + \frac{F}{\varepsilon} \sum_{i=1}^{N} (z_i C^i) = 0
\tag{5.3.2}
$$

式中，N 为离子总数目；ε 为介电常数。

对于固体表面的非平衡异相（指的固液两相之间）化学反应，基于准定态假设，可以写为：

$$
\boldsymbol{J}^j \cdot \boldsymbol{n} \big|_{\Gamma = \Gamma_{\text{s}}} = -\frac{V}{A_{\text{s}}} R_{\text{het}}^j
\tag{5.3.3}
$$

式中，Γ_{s} 表示发生化学反应的固相表面；A_{s} 为固相表面积；V 为固相所占据的总体积；R_{het}^j 代表异相反应过程中的源汇项。

相应地，固相反应物随时间的变化的量可以表征为：

$$
\frac{\partial C^{j,\text{s}}}{\partial t} = -R_{\text{het}}^j
\tag{5.3.4}
$$

达到化学平衡时异相反应的边界条件可以记为：

$$
C^j \big|_{\Gamma = \Gamma_{\text{s,M}}} = C_{\text{eq,M}}^j
\tag{5.3.5}
$$

式中，$C_{\text{eq,M}}^j$ 表示与固相 M 接触所需达到界面平衡的离子 j 的浓度。

固相浓度的改变可以记为：

$$
\frac{\partial C^{j,\text{s}}}{\partial t} = -(C_{\text{eq,M}}^j - C^j)
\tag{5.3.6}
$$

对于稀溶液，离子 j 的化学活性趋于统一，因此可以假定 $\ln \gamma^j = 0$。此外，如果假设所有的离子的扩散系数相同，则溶液呈电中性，因此可以省略由于局部离子电势差引起的浓度变化，此时式（5.3.1）可以简化为仅包含有额外源汇项的对流-扩散方程：

$$\frac{\partial C^j}{\partial t} = -\boldsymbol{\nabla} \cdot \boldsymbol{J}^j + R_{\mathrm{hom}}^j$$

$$\boldsymbol{J}^j = -\phi D_{\mathrm{p}}^j \boldsymbol{\nabla} C^j + \phi \boldsymbol{u} C^j \tag{5.3.7}$$

式中，D_{p}^j 为离子的平均扩散系数。

式（5.3.7）广泛应用于耦合化学反应的扩散问题的计算程序中，不仅适用于宏观模型，也适用于部分孔隙结构中物化耦合问题的计算。本书中，同样忽略了电势差的影响，值得注意的是，当孔隙溶液内部的 pH 值很小（溶液中 H^+ 浓度很高）时，电势差对离子浓度分布的影响将会很大，将不能被省去。Molin 研究表明，对于 pH＝4 下的方解石溶蚀反应过程中，电势差引起的离子迁移对于化学反应过程起到了重要影响。

通过化学反应的计量，可以进一步将待迁移的物质区分为主要迁移离子和次要迁移离子，它们均与化学反应过程相关。通过用主要迁移离子的总浓度进行迁移方程的计算，可以减少要求解的迁移方程的数量。总浓度定义为所有主要和次要离子浓度的化学计量总和。

5.3.2　考虑物-化耦合的水工混凝土溶蚀 LBM 计算模型

水工混凝土化学溶蚀过程主要发生在固液边界。由于存在两种不同物相之间的相互转化关系，传统的有限单元法在模拟固液边界上的反应时存在局限性，而采用 LBM 模型可以较为灵活地处理边界上的反应并且可以模拟固液边界随着溶蚀进行的移动。

1. 单离子化学反应的 LBM 计算

本小节仅包含单离子化学反应的对流-扩散问题的计算方法。对于只考虑单一离子化学反应，质量平衡方程式（5.3.7）可以表示为：

$$\begin{cases} \dfrac{\partial C}{\partial t} = -\boldsymbol{\nabla} \cdot \boldsymbol{J} + k_{\mathrm{hom}} C \\ \boldsymbol{J} = -\phi D_0 \boldsymbol{\nabla} C + \boldsymbol{u} C \end{cases} \tag{5.3.8}$$

式中，k_{hom} 为单一离子化学反应的一阶反应速率。

对于固体表面的固液反应过程的讨论，可以基于其处于平衡或者非平衡（动力学）态进行计算。对于单离子反应过程，由固液表面的异相反应可得源汇项的表达式为：

$$R_{\mathrm{het}} = -k_{\mathrm{het}}(C - C_{\mathrm{eq}}) \tag{5.3.9}$$

相应地，固液接触面的边界条件可以给定为：

$$-D_0 \boldsymbol{n} \cdot \boldsymbol{\nabla} C \big|_{\Gamma = \Gamma_{\mathrm{s}}} = \frac{V}{A_{\mathrm{s}}} k_{\mathrm{het}}(C - C_{\mathrm{eq}}) \tag{5.3.10}$$

式中，k_{het} 表示一阶异相反应速率常数；C_{eq} 为达到平衡时的浓度。

固相物质浓度的变化可以表征为：

$$\frac{\partial C^{\mathrm{s}}}{\partial t} = C_{\mathrm{eq}} - C \big|_{\Gamma = \Gamma_{\mathrm{s}}} \tag{5.3.11}$$

根据格子 Boltzmann 计算模型，基于式（5.3.8）可得 LBM 中控制方程：

$$f_i(\boldsymbol{x}+\boldsymbol{e}_i\Delta t,t+\Delta t)=f_i(\boldsymbol{x},t)+\Delta t\Omega_i(\boldsymbol{x},t)+F_R^{\text{hom}}(\boldsymbol{x},t) \tag{5.3.12}$$

式中，$F_R^{\text{hom}}=w_iR_{\text{hom}}$，$R_{\text{hom}}=k_{\text{hom}}C$ 表示由于化学反应添加的强迫项。

本书中所有网格均采用正交网格，并选取一次型 EDF 进行计算分析。对于正交网格的线性 EDF 系统，取 $A_1=(Vk_{\text{het}})/A_s$、$A_2=D_0$ 以及 $A_3=(Vk_{\text{het}}C_{\text{eq}})/A_s$ 代入式（5.2.62），且由于固体边界处，式（5.2.62）可以简化为：

$$f_i=\frac{k_{\text{het}}C_{\text{eq}}-f_{-i}\left[\dfrac{V}{A_s}\dfrac{k_{\text{het}}}{2w_i}-\dfrac{D_0}{\tau e_s^2}\boldsymbol{e}_{-i}\cdot\boldsymbol{n}\right]}{\dfrac{V}{A_s}\dfrac{k_{\text{het}}}{2w_i}+\dfrac{D_0}{\tau e_s^2}\boldsymbol{e}_{-i}\cdot\boldsymbol{n}} \tag{5.3.13}$$

将 $D_0=e_s^e(\tau-\Delta t/2)$ 代入上式可得：

$$f_i=\frac{k_{\text{het}}C_{\text{eq}}-f_{-i}\left[\dfrac{V}{A_s}\dfrac{k_{\text{het}}}{2w_i}-\left(1-\dfrac{\Delta t}{\tau e_s^2}\right)\boldsymbol{e}_{-i}\cdot\boldsymbol{n}\right]}{\dfrac{V}{A_s}\dfrac{k_{\text{het}}}{2w_i}-\left(1-\dfrac{\Delta t}{\tau e_s^2}\right)\boldsymbol{e}_{-i}\cdot\boldsymbol{n}} \tag{5.3.14}$$

式（5.3.14）是根据流量边界得出的关于计算异相化学反应的公式。部分学者为了简化计算过程，假设 $D_0=e_s^e\tau$ 来计算异相反应的边界条件，这种假设只有在时间上采用 Crank-Nicholson 方法进行离散时才适用。对于平衡时的异相反应边界浓度，可以通过选取 $A_1=1$、$A_2=0$ 以及 $A_3=C_{\text{eq}}$ 并代入式（5.2.62）得到：

$$f_i=2w_iC_{\text{eq}}-f_{-i} \tag{5.3.15}$$

2. 多离子化学反应的 LBM 计算

对于混凝土溶蚀过程，孔隙溶液内离子相互影响纠缠，不能仅考虑某个离子的迁移以及反应过程，应看作整体进行计算，根据上节所描述的关于单离子化学反应过程的 LBM 进行拓展，对溶液内不同的离子 j 采用各自的分布函数：

$$\begin{cases} f_i^j(\boldsymbol{x}+\boldsymbol{e}_i\Delta t,t+\Delta t)=f_i^j(\boldsymbol{x},t)+\Delta t\Omega_i^j(\boldsymbol{x},t)+F_R^{\text{hom}j}(\boldsymbol{x},t)\\ F_R^{\text{hom}j}=w_iR_{\text{hom}}^j \end{cases} \tag{5.3.16}$$

值得注意的是，式（5.3.16）在孔隙内部或者多层孔隙结构介质中形式是一样的。

发生在固液接触面的异相化学反应将作为边界条件施加到 LBM 方法中，如式（5.3.3）所示。因此在计算过程中，边界上的计算节点需要进行特殊处理，并且需要对边界上的固相反应进行特别的推导。通常，一个计算迁移过程的程序（LBM）与一个计算化学反应的程序（PHREEQC）是通过显式算子分裂法进行耦合的。这种方法中，首先对迁移过程进行计算，然后在外部的化学反应计算程序（PHREEQC）中进行化学反应过程的实现，对于每一个离散的体积单元可以看成是一个间歇反应器，反应步执行完毕后得出相应的浓度变化，作为源汇项返回迁移程序（LBM）进行计算，并修改浓度分布函数进而进入下一个迭代时间步进行计算。

　　因此为了通过算子分裂法将外部化学反应算法与孔隙内部或者多层孔隙结构的 LBM 算法相耦合，需要对均相反应以及异相反应进行统一化处理，以便所有计算节点可以在 PHREEQC 中考虑一个间歇反应器，其基本思想就是将边界上的异相反应考虑为拟均相反应，作为一个新的源汇项添加到原方程中，值得注意的是，能采用这种近似的前提必须保证 $\Delta x \leqslant L$（Δx 为晶格尺寸，L 为模型尺寸）。此时，在固液接触面上的 LBM 可以改写为：

$$
\begin{cases}
f_i^j(\boldsymbol{x} + \boldsymbol{e}_i\Delta t, t+\Delta t) = f_i^j(\boldsymbol{x},t) + \Delta t\Omega_i^j(\boldsymbol{x},t) + F_R^{\mathrm{hom},j}(\boldsymbol{x},t) + F_R^{\mathrm{het},j}(\boldsymbol{x},t) \\
\qquad\qquad\qquad F_R^{\mathrm{het},j}(\boldsymbol{x},t) = w_i R_{\mathrm{het}}^j
\end{cases}
\tag{5.3.17}
$$

　　其一般形式为：

$$
\begin{cases}
f_i^j(\boldsymbol{x} + \boldsymbol{e}_i\Delta t, t+\Delta t) = f_i^j(\boldsymbol{x},t) + \Delta t\Omega_i^j(\boldsymbol{x},t) + F_R^{\mathrm{tot},j}(\boldsymbol{x},t) \\
\qquad\qquad\qquad F_R^{\mathrm{tot},j}(\boldsymbol{x},t) = w_i R_{\mathrm{tot}}^j
\end{cases}
\tag{5.3.18}
$$

式中，R_{tot} 表示固液界面上包含了均相与异相的化学反应的总和，可以通过 PHREEQC 程序进行计算。

　　为了验证将异相反应看作拟均相反应的合理性，下面用一个简单的算例进行说明。一个二维 50mm×30mm 矩形区域，考虑溶质从左边界向右边界扩散过程，左侧边界上浓度恒定为 $100\mathrm{mol/m^3}$，右侧和下边界通量为 0，上边界存在异相化学反应，受式（5.3.8）控制。平衡浓度选取为 $C_{\mathrm{eq}} = 50\ \mathrm{mol/m^3}$，初始条件设置为 C_{eq}，计算两种不同化学反应速率 [k 分别取值为 $10^{-6}\mathrm{mol/(m^3 \cdot s)}$ 以及 $10^{-7}\mathrm{mol/(m^3 \cdot s)}$] 下达到平衡状态时的浓度分布（其中平衡状态判定考虑为相邻时间步内浓度差值小于 $10^{-10}\mathrm{mol/m^3}$）。

　　达到平衡状态时的离子浓度理论解为：

$$
\begin{cases}
C(x,y) = [C(t=0) - C_{\mathrm{eq}}]\sum_{n=1}^{\infty} \dfrac{\cosh[\beta_n(x-L_n)]\sin(\beta_n y)}{M_n^2\beta_n\cosh(\beta_n L_x)}\cos(\beta_n y) + C_{\mathrm{eq}} \\
M_n^2 = \dfrac{L_y}{2}\left[1 + \dfrac{\sin(2\beta_n L_y)}{2\beta_n L_y}\right]
\end{cases}
\tag{5.3.19}
$$

式中，L_x 和 L_y 为模型沿着 x、y 方向的长度；化学反应参数 β_n 可以通过求解以下方程得到：

$$
\beta_n L_y \tan(\beta_n L_y) = \frac{kL_y}{D_0}
\tag{5.3.20}
$$

　　计算结果如图 5.3.1 所示，等势图为未采用拟均相假设计算浓度分布，实线为采用拟均相假设计算得出的浓度分布示意图。从图中可以看出，对于不同反应速率的异相反应过程，采用拟均相反应的计算结果与理论值的偏差较小，因此说明拟均相的方法可以用于异相反应过程的简化计算。图 5.3.2 比较了两种化学反应处理方法在不同化学反应速率下的精度和收敛性（图中正、倒三角直线分别表示一阶以及二阶收敛标准线），从图中可知，拟均相处理法与异相处理法相比，收敛性有所降低，前者为一阶收敛，而后者为二阶收敛。并且分别将两种方法计算结果与精准解进行对比发现，拟均相处理方法与未采用近似处理的异相边界处理方法相比，其精度存在不足。对于化学反应速率较快（$k = 10^{-6}\mathrm{mol/m^3 \cdot s}$）的情况，两种方法之间的偏差较大，相差了约 100 倍；对于化学反应速率较慢（$k = 10^{-7} \text{mol/m}^3 \cdot \text{s}$）的情况，两种方法的偏差较小，相差 10 倍。从整体上说，采用拟均相方法处理得出的浓度分布于精准解之间的相对误差能保证在 0.001 之内，在允许可控的范围之内，因此本书后续仍采用了拟均相处理固液边界。

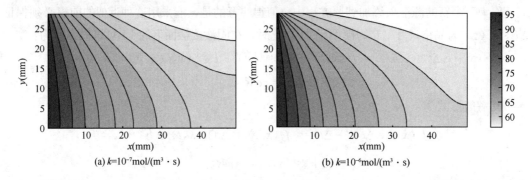

(a) $k=10^{-7}\text{mol/(m}^3 \cdot \text{s})$ (b) $k=10^{-6}\text{mol/(m}^3 \cdot \text{s})$

图 5.3.1　不同化学反应速率下采用异相及拟均相假定计算结果对比

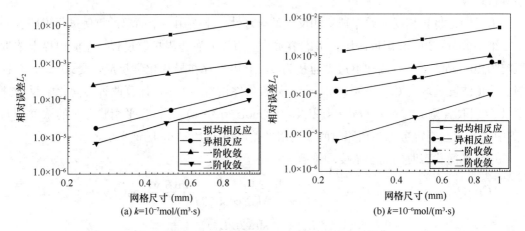

(a) $k=10^{-7}\text{mol/(m}^3\cdot\text{s})$ (b) $k=10^{-6}\text{mol/(m}^3\cdot\text{s})$

图 5.3.2　两种边界处理方法的误差及收敛性分析

5.3.3　固液边界移动模拟

由于固相的溶解或者沉淀而导致的孔隙结构的改变，是通过静态更新法则实现的，本书中在反应发生以后，根据反应过程中溶解或者沉淀的摩尔数，更新晶格节点上单个矿物所占的体积：

$$V_{\text{m}}(\boldsymbol{x}, t + \Delta t) = V_{\text{m}}(\boldsymbol{x}, t) + \overline{V}_{\text{m}}\left[N_{\text{m}}(\boldsymbol{x}, t + \Delta t) - N_{\text{m}}(\boldsymbol{x}, t)\right] \tag{5.3.21}$$

式中，V_{m} 为固相 m 在一个网格节点位置所占据的体积；$\overline{V}_{\text{m}}$ 为固相 m 的摩尔体积；N_{m} 为沉淀或者溶解反应步计算之后节点位置所需更新的摩尔数。

对于存在多种反应物的系统，总反应物的体积 V_{tot} 表示为该节点位置所有物相的体积总和：

$$V_{\text{tot}}(\boldsymbol{x}, t + \Delta t) = \sum V_{\text{m}}(\boldsymbol{x}, t + \Delta t) \tag{5.3.22}$$

至此，可以定义可溶固相所占体积分数 $\phi_{\rm m} = V_{\rm tot}/V_{\rm eff}$，其中 $V_{\rm eff}$ 为有效体积，表示可溶固相在节点处所能占据的最大体积。当 $\phi_{\rm m}$ 变化到给定阈值 $\phi_{\rm m}^{\rm thres}$ 时，孔隙结构发生改变，几何形状更新。为了编程方便，可以将固相和液相的节点在固液接触面上统一定义为接触点，并在所有接触点上持续追踪溶解或者沉淀反应的发生，当 $\phi_{\rm m} \leqslant \phi_{\rm m}^{\rm thres}$ 时，接触点转化为液相点，而 $\phi_{\rm m} > \phi_{\rm m}^{\rm thres}$ 时接触点转化为固相点，通常选取阈值为 0.5，对于多层孔隙介质，溶解或者沉淀发生后的孔隙率相应地可以写为 $1 - \phi_{\rm m}$。

为了验证上述方法的适用性，下面用一个简单的算例进行说明。对于一维空间存在的溶解反应，关于固液可移动边界的理论解为：

$$r_{\rm I}(t) - r_{\rm I}(t=0) = 2k_{\rm I}\sqrt{D_0 t} \tag{5.3.23}$$

式中，$k_{\rm I}$ 为如下超越方程的解：

$$\sqrt{\pi}k_{\rm I}\exp(k_{\rm I}^2)\,{\rm erfc}(-k_{\rm I}) = \frac{C_{\rm eq} - C_0}{C_{\rm m} - C_{\rm eq}} \tag{5.3.24}$$

式中，$r_{\rm I}$ 表示固液边界的位置；$C_{\rm m}$ 为固相浓度；C_0 为初始溶液浓度。

考虑一个 $20{\rm mm} \times 5{\rm mm}$ 的拟一维区域，初始浓度分布为 $0.1{\rm mol/m}^3$，将区域右侧最后 3mm 位置考虑为固相，并给定初始浓度为 $1{\rm mol/m}^3$。因此固液边界初始位置在 17mm 位置，考虑固液边界位置的平衡浓度恒定为 $0.4{\rm mol/m}^3$，扩散系数取为 $1 \times 10^{-9}~{\rm m}^2/{\rm s}$。

计算结果如图 5.3.3 所示。其中，图 5.3.3（a）给出了选取不同的阈值 $\phi_{\rm m}^{\rm thres}$ 下，采用 LBM 模型计算结果与理论求解得出的固液边界比较，从图中可以看出，当选取 $\phi_{\rm m}^{\rm thres}$ 为 0.5 时，LBM 模拟结果更加接近理论解，固液边界更接近真实的改变状态。但值得注意的是，LBM 模拟并没有考虑边界条件的动态改变，而是假定其变化过程是在一个稳定状态下发生的，因此呈现阶梯状。图 5.3.3（b）给出了网格大小对于固液边界移动的影响（$\phi_{\rm m}^{\rm thres}$ 选取为 0.5），从图中可以看出，网格划分越细，数值计算解越接近理论解，但是整体而言，网格大小的划分对固液边界的移动影响较小，可以认为固液边界移动不受网格大小变化的影响。

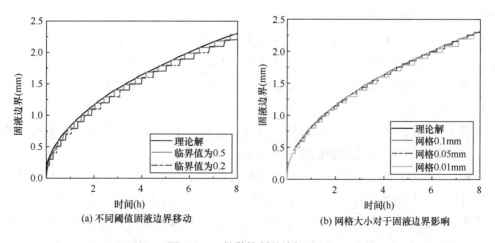

(a) 不同阈值固液边界移动　　　　　　　(b) 网格大小对于固液边界影响

图 5.3.3　扩散控制的溶解过程

5.3.4 基于 LBM 的水工混凝土物化耦合溶蚀模拟分析基本流程

本书中，选取 PHREEQC 程序进行化学反应过程的计算，该程序具有通用的动力学公式，可以对非平衡矿物的溶解和沉淀、微生物反应、有机化合物的分解以及其他动力学反应进行建模，并且其含有丰富的热动力学反应的数据库，可以用于模拟胶凝材料的多数反应过程。

由于水工混凝土溶蚀过程中，固液边界上的化学反应持续时间通常为 $10^{-8} \sim 10^{-5}\,\mathrm{s}$，远小于其扩散所需时长（通常以 ms 或者 h 为单位），因此，可以采用算子分裂算法，即将物-化耦合的溶蚀过程在一个时间步内拆分为两个过程进行计算，即对应物理过程的离子迁移和对应化学过程的固液边界反应过程。其中，对应物理过程的离子迁移模拟采用 LBM 进行计算，而化学反应部分则采用 PHREEQC 进行求解。

LBM 与 PHREEQC 之间的接口采用 IPHREEQC。初始摩尔浓度以及边界条件通过 PHREEQC 计算得到。在每个时间迭代步开始的时候，根据从迁移方程计算得出的浓度，乘以水含量得到不同物质组分的摩尔分数，在 IPHREEQC 中更新浓度分布，再导入 PHREEQC 中进行新的平衡计算。因为化学反应产生的源汇项可以通过下式计算：

$$R_{\text{tot}}^i = \phi\left(\frac{C_{\text{react}}^i - C_{\text{trans}}^i}{\Delta t}\right) \tag{5.3.25}$$

式中，C_{trans} 表示迁移步计算完成之后还未执行化学反应步时的浓度；C_{react} 表示化学反应步完成之后更新的浓度。

随后可以计算碰撞步和迁移步，再施加相应的边界条件得出新的浓度分布，实现流程图如图 5.3.4 所示，基本步骤如下：

步骤 1：在 PHREEQC 中输入混凝土溶蚀的初始条件，包括温度、混凝土孔隙溶液 pH 值以及混凝土孔隙溶液内部各离子的初始浓度分布（主要考虑钙离子），计算各种离子的摩尔分数，并划分网格进行建模。

步骤 2：根据 PHREEQC 的计算结果在 LBM 中分配初始离子浓度分布，计算相应的离子分布函数，并且根据式（5.2.62）计算边界上离子分布函数作为边界条件。

步骤 3：选取网格类型以及平衡分布函数表达式，选取合适的松弛时间系数计算碰撞算子进行物理建模。

步骤 4：根据式（5.2.5）以及式（5.2.6）进行离子迁移过程的计算，结合边界条件，求解一个时间步变化之后新的离子分布函数 f'。

步骤 5：将离子分布函数转变为离子浓度分布，导入到 PHREEQC 作为固液边界位置化学反应的初始条件进行计算，直至达到化学平衡后得出新的离子浓度分布。

步骤 6：更新离子浓度分布并计算相应的离子分布函数，判断是否达到指定计算时间，如果没有则重复步骤 4 和步骤 5；如果达到指定计算时间则结束运算。

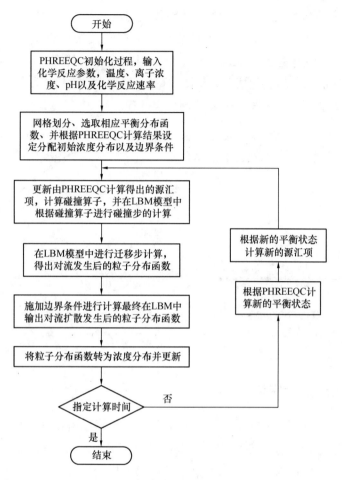

图 5.3.4 物-化耦合溶蚀过程模拟分析流程图

5.4 算 例 验 证

将 PHREEQC 与 LBM 计算模型相结合,大大提高了整体物-化耦合溶蚀过程的计算效率,同时拓展了 LBM 计算模型的应用范围,更能适用于实际工程中混凝土溶蚀过程的模拟。

5.4.1 氢氧化钙溶解模拟

为了验证该模型可以用于氢氧化钙的溶解过程模拟,选取一个长方形计算模型,尺寸为:3cm×1cm,网格尺寸为 0.025cm,整个区域初始为氢氧化钙饱和溶液填充,浓度为20mM,初始 pH 值为 12.5,长方形区域右边界为 4mM 的氢氧化钙固体边界,左侧边界与侵蚀性溶液(pH=3,通过控制氯离子浓度来实现)接触,上下边界为零通量边界。该模型可以看作是混凝土水泥浆孔隙结构中氢氧化钙与孔隙水接触的情况,当孔隙水 pH 值发生变化的时候将会导致氢氧化钙的溶解。在该算例中,溶液中存在的离子分别为:钙离子、氯离子、氢离子和氧离子，各离子扩散系数相同，选取为 $1 \times 10^{-9} \, \mathrm{m^2/s}$。

计算结果如图 5.4.1 所示，给出了耦合算法与有限元法计算结果的比较，图 5.4.1（a）给出了右边界（固体边界）氢氧化钙浓度随时间变化的情况，图 5.4.1（b）给出了右边界位置处 pH 值随时间变化情况，从图中可知两种计算方法结果相近，计算模拟结果可信，说明耦合算法可以用于模拟氢氧化钙溶解过程。

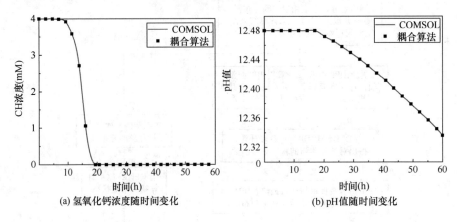

(a) 氢氧化钙浓度随时间变化　　　　　　(b) pH 值随时间变化

图 5.4.1　氢氧化钙溶解过程

5.4.2　C-S-H 溶解过程模拟

为了模拟 C-S-H 溶解过程，设定一个微观混凝土矩形结构单元，单元网格为 $10 \mu \mathrm{m} \times 0.5 \mu \mathrm{m}$ 的区域。区域内含有 C-S-H 固相，设定初始孔隙率为 0.448，此时该模型对应于水灰比为 0.45 的水泥基材料。矩形区域内液相初始处于平衡状态，其中钙离子浓度为 20mM，pH=12.5，矩形左侧边界持续与 pH 为 7 的软水接触，其他边界上通量为零。整个矩形区域内部存在迁移的元素为 Ca、Si、H 以及 O。分子扩散系数统一选取为 $2.2 \times 10^{-10} \, \mathrm{m^2/s}$（比纯水中的离子扩散系数低一个量级），孔隙率对扩散系数的影响采用 Millington 和 Quirk 提出的模型，根据该模型，孔隙内扩散系数 D_p 可以与孔隙率相关：

$$D_\mathrm{p} = \phi^{\frac{1}{3}} D_0 \tag{5.4.1}$$

模型可以看作是模拟一维 C-S-H 扩散溶解问题，具体计算结果如图 5.4.2 和图 5.4.3 所示。图中，HP1 曲线代表压汞法测得的试验数据、DVLB 为基于扩散系数变化速度的改进 LBM 法、TRT 曲线代表传统双松弛时间 LBM 法。图 5.4.2（a）、（b）给出了溶液阳离子（Ca^{2+} 以及 Si^{2+}）的浓度分布随时间的变化，图 5.4.2（c）、（d）给出了相应固相反应物中阳离子浓度的变化过程。从图中可以发现，三种方法计算结果之间误差较小，代表三种方法的曲线（实线、虚线以及点划线）几乎重合，可以判定 DVLB 法可以用于 C-S-H 相的溶解。图 5.4.3 则给出了溶液内 pH 值以及孔隙率随时间变化过程，从图中可以看出，两种 LBM 均与 HP1 方法计算得出的结果拟合较好。

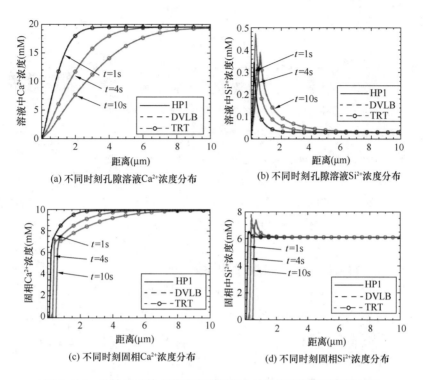

图 5.4.2　Ca^{2+} 和 Si^{2+} 在溶液以及固相中的浓度变化随时间的过程

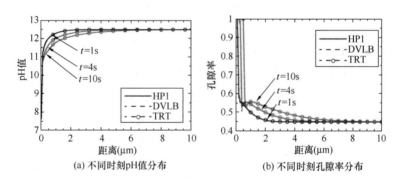

图 5.4.3　pH 值以及孔隙率随时间的变化

5.4.3　孔隙网格结构对于溶蚀过程的影响分析

为了研究孔隙网络结构对溶蚀过程的影响，考虑一个随机多孔介质中仅存在氢氧化钙溶解的反应过程。随机孔隙结构采用四参数随机生长法（QSGS）构造。该方法需要指定 Von Neumann 邻居单元的生长方向概率、用于确定会发生生长的种子数的核心概率、相体积分数以及两相之间的相互作用概率参数。QSGS 具体操作流程如下，相应的流程如图 5.4.4 所示。

步骤 1：分布生长核，在设定的模型区域内按照生长核的分布概率 P_d 随机分布固相生长核，并对区域内每个网格点在［0，1］区间内生成平均分布随机数，随机数不大于生

长核分布概率 P_d 的点即为生长核。

步骤 2：生长核随机生长过程，按照不同方向上给定的生长概率 P_i（i 代表生长方向），固相生长核向相邻节点进行生长。当相邻网格中产生的随机数小于 P_i 时，该网格为颗粒，大于生长概率 P_i 时该网格为孔隙。

步骤 3：重复步骤 2 的过程，增长的颗粒形成新的生长核，以同样的生长方式向周围生长，如此循环直至达到设定的体积分数。

步骤 4：当存在第二种固相核需要生长时，依据其特性有两种生长方式：若第二种固相与第一种固相不相关，即互为独立生长，则第二种固相的生长方式重复步骤 2 以及步骤 3 进行模拟；若第二种固相核的生长与第一种固相核的存在相关，需要引入一个相关系数 $I_i^{n,m}$ 表示固相 n 由于固相 m 存在影响下的生长概率；随后重复步骤 2 以及步骤 3 进行第二种固相生长。

正交方向生长概率为 0.001，朝对角线方向生长的概率取为 0.00025。具体参数选取如表 5.4.1 所示。在所有四种情况下，将氢氧化钙矿物含量设定为 0.15。工况 1 和工况 3 仅有氢氧化钙固相存在；工况 2 和工况 4 添加了

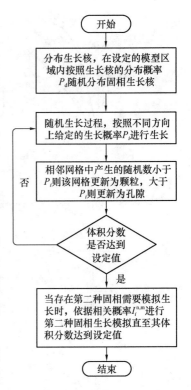

图 5.4.4　QSGS 流程图

惰性固相以增加整个孔隙结构的迂曲度，其体积分数为 0.2，氢氧化钙体积分数保持不变，仍然为 0.15。四种工况下采用 QSGS 法生成的多孔介质结构如图 5.4.5 所示。表 5.4.1 列出了初始微观结构参数，如初始氢氧化钙体积分数 ϕ_{port}、惰性物相体积分数 ϕ_I、氢氧化钙固相颗粒数量 N_{port}、氢氧化钙固相最大颗粒的面积 A_{max}、最小面积 A_{min}、氢氧化钙固相颗粒的平均面积 A_{mean}、反应周长 P_R 与氢氧化钙总面积 A_{port} 的比值以及有效扩散系数 D_e 与离子在纯水中扩散系数 D_0 的比值。整个计算区域大小为 $100\mu m \times 100\mu m$，且初始孔隙溶液与氢氧化钙固体处于平衡状态。左侧边界施加一个恒定 Ca^{2+} 浓度的 0mmol/L 的边界条件，其余三个边界为零通量，计算总时长为 600s。

■ 孔隙　　□ 氢氧化钙　　■ 惰性物相

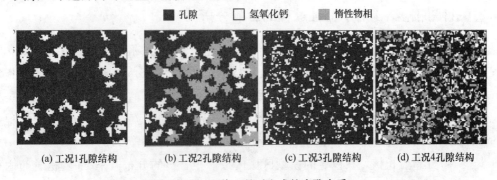

(a) 工况1孔隙结构　　(b) 工况2孔隙结构　　(c) 工况3孔隙结构　　(d) 工况4孔隙结构

图 5.4.5　四种工况下生成的多孔介质

孔隙介质的特征参数　　　　　　　　　　　　　表 5.4.1

	C_d	ϕ_{port}	ϕ_I	N_{port}	A_{max}	A_{min}	A_{mean}	P_R/A_{port}	D_e/D_0
工况 1	0.005	0.15	0.0	35	174	6	42.914	0.9786	0.5903
工况 2	0.05	0.15	0.2	35	174	6	42.914	0.7856	0.1650
工况 3	0.005	0.15	0.0	276	35	1	5.4348	2.2167	0.5701
工况 4	0.05	0.15	0.2	276	35	1	5.4348	1.6827	0.1132

如图 5.4.6 所示为四种工况下 Ca^{2+} 浓度随时间变化曲线，图 5.4.6（a）、（b）分别对应于溶液中以及氢氧化钙固相中 Ca^{2+} 浓度的变化。从图中可知，工况 1 和工况 3 有相似的溶解速率，它们的孔隙率相同，均为 0.5；而另外一组相同孔隙率 0.65 的情况下，工况 2 的溶解速率明显大于工况 4。对于不同工况情况，反应接触表面积（P_R/A_{port}）变化较大，工况 1 和工况 3 相差 1.035 倍，而工况 2 和 4 相差 1.458 倍，根据相应的图 5.4.7 中不同工况下的溶蚀曲线，说明迂曲度相比较于反应接触面积来说对于溶蚀过程的影响更大。此外，根据图 5.4.7 不难发现，工况 2 和 4 的反应速率要低于工况 1 和 3，说明孔隙率较低，导致 D_e/D_0 越小，从而化学反应速率越小。

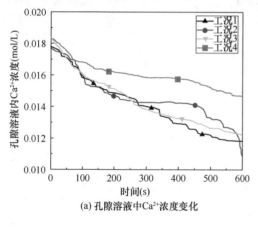
(a) 孔隙溶液中 Ca^{2+} 浓度变化

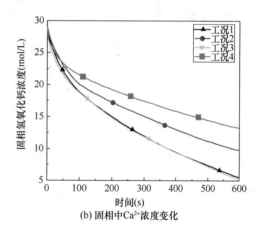
(b) 固相中 Ca^{2+} 浓度变化

图 5.4.6　Ca^{2+} 浓度随时间变化

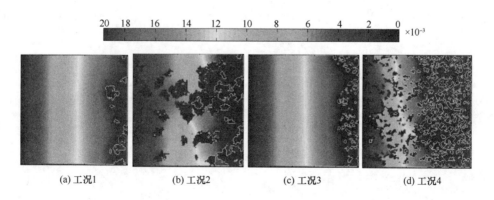

(a) 工况1　　　　(b) 工况2　　　　(c) 工况3　　　　(d) 工况4

图 5.4.7　四种工况下 Ca^{2+} 浓度最终分布图

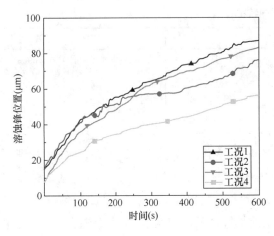

图 5.4.8 溶蚀锋随时间变化曲线

图 5.4.8 给出了四种情况下达到最终计算时间时计算域内 Ca^{2+} 浓度分布情况。不难发现,工况 2 和工况 4 的溶蚀锋移动速率明显要低于工况 1 和工况 3,且工况 4 的溶解程度最低,溶蚀锋移动最慢。为了量化溶蚀锋随时间推进的移动过程,将溶蚀锋的位置定为水平轴方向浓度大于 19mmol/L 位置的平均值,具体溶蚀锋随时间移动过程如图 5.4.8 所示。从图中分析可知,工况 1 和 2 溶蚀锋的移动速度差要小于工况 3 和 4 溶蚀锋的移动速度差;孔隙率越低(工况 2 和 4),溶蚀锋的移动速度越慢,孔隙率越高(工况 1 和 3),溶蚀锋的移动速度越快。

综上所述,多孔介质材料中的迁曲度对于溶蚀过程的影响要大于固相颗粒的形状以及表面积对溶蚀过程的影响。此外,多孔介质的初始传输特性如孔隙率和迁曲度对于溶解过程也有重要影响。

第 6 章

水工混凝土渗透溶蚀
过程算例分析

6.1　水工混凝土溶蚀对结构性能的影响

建立水工混凝土材料不同尺度模型后，为进行多尺度下材料性能的研究，需基于较低尺度下非均质材料的结构信息来获取较高尺度下均质材料的有效性能，其基本思想是"均匀化"。常见的均匀化方法包括 Voigt 法、Reuss 法、Mori-Tanaka 法、自洽法等。随着计算机技术的发展和数值计算水平的提高，数值均匀化方法由于其对材料复杂力学行为强大的计算能力以及对各尺度拓扑结构的精确描述，逐渐受到研究人员的重视。

6.1.1　表征体元的数值均匀化方法

假定组成表征体元的各物相各向同性，且各物相之间相互连续。在此基础上，通过数值计算，寻找在均匀边界条件下表征体元整体静力平衡时的均匀化响应，从而获得表征体元的整体等效性能。

当获得某一尺度下表征体元的结构模型后，均匀化问题即可转化为均匀边界条件下的数值计算问题。当在表征体元边界上施加均匀位移条件后，由数值计算可获得表征体元内各单元应变 ε 的体积平均：

$$\langle \varepsilon \rangle = \sum_{e=1}^{n_e} \frac{1}{\Omega_e} \int_{\Omega_e} \varepsilon_e \mathrm{d}\Omega \tag{6.1.1}$$

式中，$\langle \cdot \rangle$ 表示表征体元内的体积平均；ε_e 为数值计算获得的单元应变；Ω_e 为表征体元的体积；n_e 为表征体元内的单元总数。

假设复合材料均服从线弹性力学，则表征体元等效应力张量可表示为：

$$\sigma(\langle \varepsilon \rangle) = \lambda_{\text{hom}} \mathrm{tr} \langle \varepsilon \rangle I + 2\mu_{\text{hom}} \langle \varepsilon \rangle \tag{6.1.2}$$

式中，λ_{hom} 和 μ_{hom} 分别为 Lame 第一和第二参数（剪切模量）；$\mathrm{tr}\langle \cdot \rangle$ 为迹函数；I 表示单位矩阵。

表征体元内应力体积平均 $\langle \sigma \rangle$ 的计算与应变体积平均类似。采用最小二乘法拟合等效应力 $\sigma(\langle \varepsilon \rangle)$ 和平均应力 $\langle \sigma \rangle$，目标函数表示如下：

$$\Pi := \| \langle \sigma \rangle - \sigma(\langle \varepsilon \rangle) \| \rightarrow \min \tag{6.1.3}$$

对式（6.1.3）关于 λ_{hom} 和 μ_{hom} 求偏微分，可得 Lame 参数的对称线性方程：

$$\begin{bmatrix} 2\mathrm{tr}\langle \varepsilon \rangle \mathrm{tr}\langle \sigma \rangle \\ 4\langle \sigma \rangle : \langle \varepsilon \rangle \end{bmatrix} = \begin{bmatrix} 6\mathrm{tr}^2\langle \varepsilon \rangle & 4\mathrm{tr}^2\langle \varepsilon \rangle \\ 4\mathrm{tr}^2\langle \varepsilon \rangle & 8\langle \varepsilon \rangle : \langle \varepsilon \rangle \end{bmatrix} \cdot \begin{bmatrix} \lambda_{\text{hom}} \\ \mu_{\text{hom}} \end{bmatrix} \tag{6.1.4}$$

式中，符号"："表示双点积；符号"·"表示点积。

通过求解上述方程，即可完成对表征体元等效力学参数的计算。

6.1.2　水工混凝土力学性能多尺度递进分析实现流程

水工混凝土微观、细观和宏观尺度下各物相的性质、PSD、拓扑结构等因素均会影响其宏观物理力学性能。基于防渗墙混凝土配合比、水泥类型、水化程度等信息，应用水工混凝土微观、细观和宏观表征体元模型重构和均匀化方法，给出水工混凝土力学性能的多尺度递进分析流程如图6.1.1所示，具体实现步骤如下：

步骤1：微观黏土水泥表征体元模型重构

微观尺度下，依据水工混凝土的拌合水灰比、微观黏土黏粒体积分数、所用水泥的颗粒PSD以及相应熟料矿物成分，采用CLCEMHYD3D黏土混凝土水化模型，参考水工混凝土微观尺度划分标准，重构获得单元尺寸1～2μm、边长20～100μm的三维微观黏土水泥表征体元模型。

步骤2：微观黏土水泥力学性能计算分析

在微观黏土水泥表征体元的基础上，整理水泥水化产物、水泥熟料、黏土黏粒等物相的力学参数信息，采用数值均匀化方法，计算获取微观黏土水泥表征体元应力应变关系及其有效力学性能参数。

步骤3：细观黏土水泥砂浆表征体元模型重构

细观尺度下，依据水工混凝土中砂料体积分数、砂粒PSD以及现场质量控制检测中得到的孔隙率，利用球形夹杂随机投放方法，参考水工混凝土细观尺度划分标准，重构获得单元尺寸0.1～0.2mm、边长10～50mm的三维细观黏土水泥砂浆表征体元模型。

步骤4：细观黏土水泥砂浆力学性能计算分析

在细观黏土水泥砂浆表征体元的基础上，整理砂、黏土水泥等物相的力学参数信息，其中黏土水泥的力学参数由微观尺度表征体元力学性能的计算获得。采用数值均匀化方法，计算获取细观黏土水泥砂浆表征体元应力应变关系及其有效力学性能参数。

步骤5：宏观水工混凝土表征体元模型重构

宏观尺度下，依据水工混凝土中粗骨料体积分数、粗骨料颗粒PSD以及现场质量控制检测中得到的孔隙率，利用球形夹杂随机投放方法，参考水工混凝土宏观尺度划分标准，重构获得单元尺寸2～4mm、边长100mm以上的三维宏观防渗墙混凝土表征体元模型。

步骤6：宏观水工混凝土力学性能计算分析

在宏观水工混凝土表征体元的基础上，整理粗骨料、黏土水泥砂浆等物相的力学参数信息，其中黏土水泥砂浆的力学参数由细观尺度表征体元力学性能的计算获得。采用数值均匀化方法，计算获取宏观水工混凝土表征体元应力应变关系及其有效力学性能参数。

运行球形夹杂随机投放程序，构建宏观防渗墙混凝土表征体元模型。

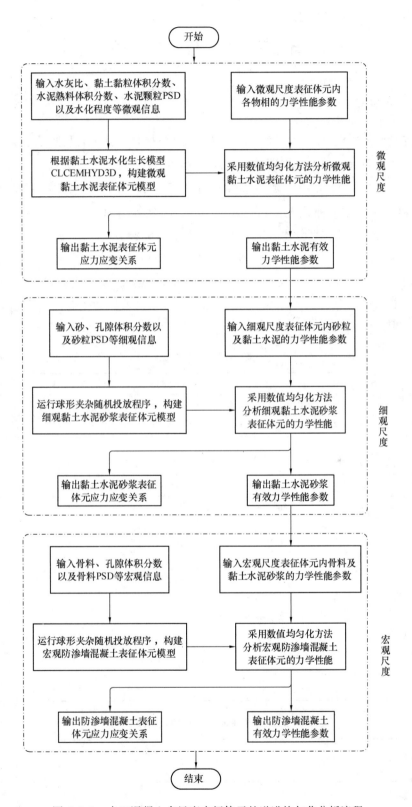

图 6.1.1　水工混凝土多尺度表征体元的递进均匀化分析流程

6.2 算 例 分 析

6.2.1 试验概况

水工混凝土采用忻口黏土与砂、石子和水泥进行拌合，其配合比见表 6.2.1。其中黏土的干密度为 $1530kg/m^3$，其物理性黏粒含量为 36%，黏土矿物中蒙脱石的含量为 40%。其中黏土干密度为 $1530kg/m^3$，其物理性黏粒含量为 40%，黏土矿物中蒙脱石的含量分别为 35% 和 85%。水泥种类选取为 CEM I 32.5，干密度为 $3000kg/m^3$，其颗粒粒径分布以及熟料所含矿物的体积百分比分别见表 6.2.2 和表 6.2.3，此外水泥中还含有 6.04% 的石膏。粗骨料中，小石（$5\sim20mm$）和中石（$20\sim40mm$）的干密度均为 $2500kg/m^3$。细骨料包括粗砂（$0.8\sim4.75mm$）、中砂（$0.16\sim0.2mm$）以及黏土砂粒（$0.02\sim2mm$），粗砂和中砂的体积比为 0.5，砂的干密度为 $2600kg/m^3$。养护硬化后，黏土混凝土的孔隙率为 6%，混凝土弹性模量通过单轴压缩试验获得。

黏土混凝土配合比　　　　　　　　　　　　　表 6.2.1

水灰比	密度 (kg/m^3)	混凝土材料用量（kg/m^3）					
		水泥	黏土	水	砂	小石	中石
0.85	2210	162	108	230	821	533	356

CEM I 32.5 水泥粒径分布表　　　　　　　　　表 6.2.2

水泥颗粒直径（μm）	质量分数	水泥颗粒直径（μm）	质量分数
1	0.1358	23	0.0322
3	0.1043	25	0.0292
5	0.0749	27	0.0274
7	0.0639	29	0.0230
9	0.0584	31	0.0313
11	0.0576	35	0.0417
13	0.0504	41	0.0369
15	0.0468	47	0.0383
17	0.0430	61	0.0234
19	0.0395	73	0.0090
21	0.0363		

CEM I 32.5 水泥熟料中各矿物成分所占百分比　　　　表 6.2.3

水泥熟料	矿物成分百分比			
	C_3S	C_2S	C_3A	C_4AF
体积百分比	73.43%	9.38%	13.11%	4.07%
表面积百分比	68.69%	13.37%	13.86%	4.08%

6.2.2　水工混凝土三维多尺度网格模型重构

1. 微观尺度表征体元及其有限元网格模型

将微观黏粒的特征尺寸取为 $2\mu m$，相应的微观表征体元取为单元尺寸 $2\mu m$、边长 $100\mu m$ 的正方体，其中包含 125000 个正方体单元。假设初始状态下微观尺度表征体元内仅存在石膏和水泥熟料及黏土黏粒三种颗粒，其中黏土黏粒中蒙脱石矿物的吸水膨胀倍数为 10。不难计算出黏土混凝土与塑性混凝土微观表征体元内水泥颗粒、石膏颗粒、饱和黏土黏粒的初始体积百分比分别为 23.3%、1.5%、31.8% 和 6.6%、0.3%、68.8%。在此基础上，结合离散速度模型，可计算获得混凝土微观黏粒单元的数量以及黏粒单元在各方向上的生长概率，结果见表 6.2.4。考虑到黏土黏粒的吸水效应，实际水化计算过程中仅计入表征体元内的自由水量，由此可计算得出微观表征体元内的等效水灰比 W/C 为 0.56。

黏土水泥模型重构参数　　　　　　　　　　　　　　　表 6.2.4

材料种类	n_c	W/C	α	p_a
黏土混凝土	39750	0.56	0	7.15×10^{-6}
			$1\sim6$	1.86×10^{-6}
			$7\sim18$	4.66×10^{-7}
			$19\sim26$	1.16×10^{-6}
塑性混凝土	86000	2.74	0	3.44×10^{-6}
			$1\sim6$	8.61×10^{-7}
			$7\sim18$	2.15×10^{-7}
			$19\sim26$	5.38×10^{-8}

计算过程中，首先根据表 6.2.2 中的水泥颗粒分布数据在三维空间中随机投放水泥颗粒，之后基于随机伴随生长法，确定初始状态下黏土混凝土与塑性混凝土的微观表征体元模型，分别如图 6.2.1（a）和图 6.2.2（a）所示。可以看出，初始状态下黏粒颗粒多吸附在水泥颗粒周围，呈絮凝态分布。

在确定初始物相的分布情况后，采用 CLCEMHYD3D 黏土混凝土水化模型进行黏土水泥的水化及双相伴随生长计算，计算获得不同水化程度 α_c 下的微观结构模型，如图 6.2.1（b）～（f）和图 6.2.2（b）～（f）所示。可以看出，随着水泥的水化以及黏土的伴随生长，水泥物相逐渐由初始水泥颗粒位置向外扩散生长，黏土黏粒随之运动扩散，孔隙体积则随之减小。当水化程度 α_c 达到 0.88 时，初始状态下呈絮凝状分布的黏粒已较为均匀地充填于水泥水化产物的骨架内，与水化后的水泥共同占据表征体元内的大部分空间，此时表征体元内水化产物的分布如图 6.2.1（g）和图 6.2.2（g）所示。由图 6.2.1（g）和图 6.2.2（g）可以看出，C-S-H 和 CH 是水泥物相中最主要的水化产物，黏土混凝土微观表征体元中的物相基本处于 C-S-H 物相构成的胶凝骨架内；而塑性混凝土表征体元中的物相则基本被黏土黏粒包围，较少的水泥含量导致表征体元中未能形成完整的胶凝骨架。

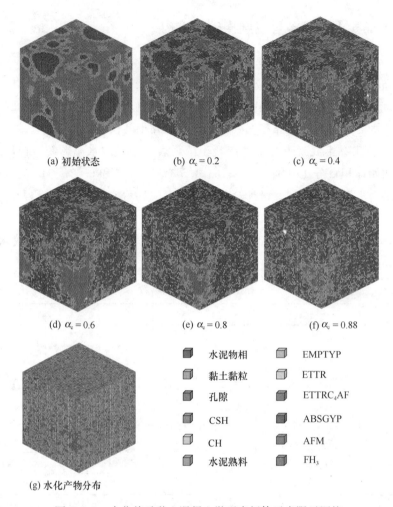

(a) 初始状态　　　　　(b) $\alpha_c = 0.2$　　　　　(c) $\alpha_c = 0.4$

(d) $\alpha_c = 0.6$　　　　　(e) $\alpha_c = 0.8$　　　　　(f) $\alpha_c = 0.88$

水泥物相		EMPTYP	
黏土黏粒		ETTR	
孔隙		ETTRC$_4$AF	
CSH		ABSGYP	
CH		AFM	
水泥熟料		FH$_3$	

(g) 水化产物分布

图 6.2.1　水化前后黏土混凝土微观表征体元有限元网格

2. 细观尺度表征体元及其有限元网格模型

将中砂和黏土砂粒的粒径取为 0.2mm，粗砂的粒径取为 2mm，则相应的细观表征体元可取为单元尺寸 0.2mm、边长 10mm 的正方体，其中包含 125000 个正方体单元。经计算，黏土混凝土细观表征体元内砂粒的体积百分比为 64%。采用球形夹杂随机投放程序重构细观表征体元，之后通过有限元网格生成程序可获得黏土混凝土细观表征体元的有限元网格，如图 6.2.3 所示。

3. 宏观尺度表征体元及其有限元网格模型

宏观表征体元可取为单元尺寸 2mm、边长 100mm 的正方体，其中包含 125000 个正方体单元。经计算，黏土混凝土宏观表征体元内粗骨料的体积百分比分别为 40%。根据粗骨料的级配将粒径平均，计算表征体元内相应的骨料数，其中黏土混凝土的小石数量为 265，中石数量为 11。采用球形夹杂随机投放程序重构宏观表征体元，之后通过有限元网格生成程序可获得黏土混凝土宏观表征体元的有限元网格，如图 6.2.4 所示。

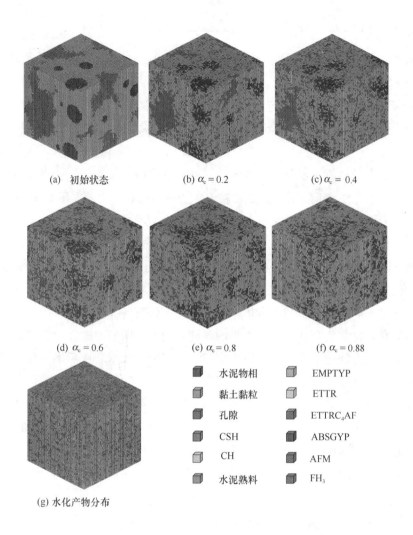

(a) 初始状态	(b) $\alpha_c = 0.2$	(c) $\alpha_c = 0.4$
(d) $\alpha_c = 0.6$	(e) $\alpha_c = 0.8$	(f) $\alpha_c = 0.88$

▦	水泥物相	▦	EMPTYP
▦	黏土黏粒	▦	ETTR
▦	孔隙	▦	ETTRC$_4$AF
▦	CSH	▦	ABSGYP
▦	CH	▦	AFM
▦	水泥熟料	▦	FH$_3$

(g) 水化产物分布

图 6.2.2　水化前后塑性混凝土微观表征体元有限元网格

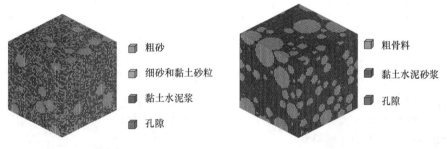

▦ 粗砂	▦ 粗骨料
▦ 细砂和黏土砂粒	▦ 黏土水泥砂浆
▦ 黏土水泥浆	▦ 孔隙
▦ 孔隙	

图 6.2.3　黏土混凝土细观尺 　　图 6.2.4　黏土混凝土宏观尺度
度表征体元有限元网格 　　　　表征体元有限元网格

6.2.3 水工混凝土力学性能的多尺度递进分析

基于如图 6.2.1～图 6.2.4 所示的各尺度表征体元结构模型，借助数值均匀化方法，对水工混凝土的力学性能进行多尺度递进分析。

1. 各物相材料力学参数的确定

在进行表征体元的均匀化计算时，首先需要获取各尺度表征体元内基本物相的力学参数。

微观尺度下水泥熟料及水化产物的性质需通过纳米压痕试验测量获得，测量结果如表 6.2.5 所示。考虑到纳米压痕试验会导致黏土矿物晶层的相互滑移，目前黏土矿物的力学参数多通过纳米级原子声学显微法（AFAM）来测量获得。Vanorio 等对高岭石、蒙脱石和伊利石的 AFAM 测量结果表明，干燥状态下黏土矿物的弹性性质较为接近，具体体积模量为6～12GPa，剪切模量为 4～6GPa。对于吸水膨胀后的黏土矿物，本书将干黏土矿物与膨胀后层间结合水的力学参数进行体积平均，从而获得膨胀后黏土黏粒的等效力学参数。此外，从黏土矿物的原子结构分析，黏土矿物应具有各向异性的性质。但考虑其在空间内的均匀分布，黏粒集合整体所表现出的各向异性并不明显，故在计算过程中仍将其视为各向同性材料。本例中干燥黏粒的弹性模量为 10GPa，吸水膨胀后黏土黏粒的弹性模量通过体积平均求得结果为1GPa。

细观尺度下黏土水泥的力学参数可通过微观尺度表征体元的数值均匀化获得；砂的力学参数可通过室内试验获得，本例中砂的弹性模量和泊松比分别为 55GPa 和 0.2。

宏观尺度下黏土水泥砂浆的力学参数可通过细观尺度表征体元的数值均匀化获得；石子的力学参数可通过室内试验获得，本例中石子的弹性模量和泊松比分别为 50GPa 和 0.167。

微观尺度水泥熟料及水化产物的固有弹性性质 表 6.2.5

物相	弹性模量 E(GPa)	泊松比 ν	物相	弹性模量 E(GPa)	泊松比 ν
C-S-H	22.4	0.24	GYPSUMS	45.7	0.33
CH	38	0.305	AFM	42.3	0.324
C_3S	135	0.3	ETTR	22.4	0.25
C_2S	130	0.3	ETTRC4AF	22.4	0.25
C_3A	145	0.3	充水孔隙	0.001	0.499924
C_4AF	125	0.3	空孔隙	0.001	0.001

2. 微观尺度的力学性能分析

完成微观尺度表征体元模型重构并确定体元内各物相力学参数后，在表征体元的对称面上相向施加大小为 $5\times10^{-3}\mu m$ 的均布位移边界条件。采用线弹性本构求解有限元模型，结果如图 6.2.5 所示。可以看出，水泥骨架是压应力的主要承载体。对加载过程中表征体元内的轴向应力、应变进行体积平均，获得微观黏土水泥的平均应力-应变关系曲线，如

图 6.2.6 所示，由此可计算得到黏土混凝土微观表征体元的弹性模量为 3.21GPa。此外，通过计算模型平均横向正应变与轴向正应变间的比值，得到微观黏土水泥的泊松比为 0.241。

3. 细观尺度的力学性能分析

完成细观尺度表征体元模型重构并确定体元内各物相力学参数后，在表征体元的对称面上相向施加大小为 5×10^{-4} mm 的均布位移边界条件。采用线弹性本构求解有限元模型，结果如图 6.2.7 所示。可以看出，砂粒是压应力的主要承载体。对加载过程中表征体元内的轴向应力、应变进行体积平均，获得细观黏土水泥砂浆的平均应力-应变关系曲线，如图 6.2.8 所示，由此可计算得到黏土混凝土细观表征体元的弹性模量为 10.08GPa。此外，通过计算模型平均横向正应变与轴向正应变间的比值，得到细观黏土水泥砂浆的泊松比为 0.237。

4. 宏观尺度的力学性能分析

完成宏观尺度表征体元模型重构并确定体元内各物相力学参数后，在表征体元的对称面上相向施加大小为 5×10^{-3} mm 的均布位移边界条件。采用线弹性本构求解有限元模型，结果如图 6.2.9 所示。可以看出，石子是压应力的主要承载体。对加载过程中表征体元内的轴向应力、应变进行体积平均，获得宏观防渗墙混凝土的平均应力-应变关系曲线，如图 6.2.10 所示，由此可计算得到黏土混凝土宏观表征体元的弹性模量为 12.53GPa。此外，通过计算模型平均横向正应变与轴向正应变间的比值，得到宏观黏土混凝土的泊松比为 0.229。

5. 数值计算与试验结果对比分析

文献中试验获得的水工混凝土试件宏观弹性模量和泊松比为 11.45GPa 和 0.26。计算结果与试验结果的对比如图 6.2.11 所示，可以看出，黏土混凝土弹性模量的计算值与实测值间的绝对误差和相对误差均较小，分别为 1.08 GPa 和 0.086。综合上述分析认为，本书提出的防渗墙混凝土多尺度递进分析方法具有一定的有效性和可靠性，可为后续防渗墙混凝土材料的机理性研究提供技术支撑。

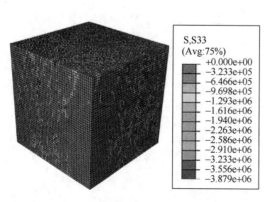

图 6.2.5　防渗墙混凝土黏土水泥浆
微观表征体元应力云图（Pa）

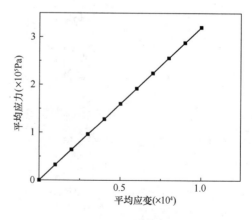

图 6.2.6　黏土水泥微观表征体元
应力-应变关系曲线

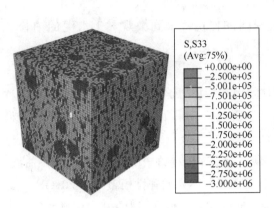

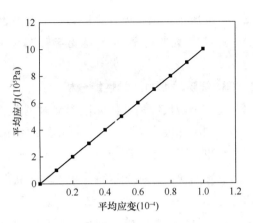

图 6.2.7　防渗墙混凝土黏土水泥
砂浆细观表征体元应力云图（Pa）

图 6.2.8　黏土水泥砂浆细观表征体
元应力-应变关系曲线

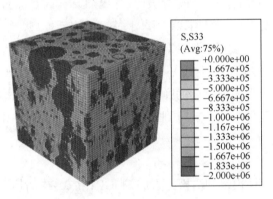

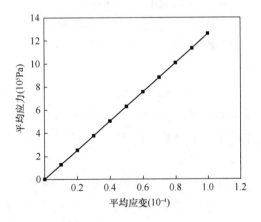

图 6.2.9　防渗墙混凝土宏
观表征体元应力云图（Pa）

图 6.2.10　防渗墙混凝土宏观
表征体元应力-应变关系曲线

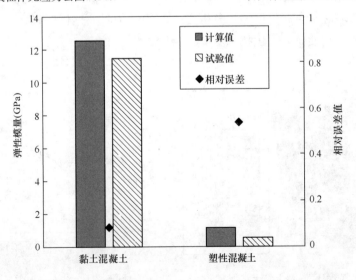

图 6.2.11　防渗墙混凝土弹性模量计算值与试验值的结果对比

6.3　算例 1——溶蚀侵害下黏土混凝土试件破坏试验与数值模拟分析

根据《混凝土物理力学性能试验方法标准》GB/T 50081—2019，利用电液伺服万能试验机分别对边长为 100mm×100mm×400mm 的未溶蚀和溶蚀黏土混凝土梁试件进行弯折静力加载试验，以获得两类试件弯折破坏过程的数据。对两类试件的溶蚀及加载破坏过程进行模拟分析，通过试验结果与计算结果的比对分析，验证本书所述计算方法的可行性与有效性。

6.3.1　黏土混凝土试件弯折破坏试验

1. 试件原材料及配合比

试验中黏土混凝土试件由普通硅酸盐水泥（CEM I 32.5）、黏土、粗骨料、砂和水组成，其配合比见表 6.3.1。黏土的干密度为 1530kg/m³，其物理性黏粒含量为 36%，黏土矿物中蒙脱石的含量为 40%。水泥干密度为 3000kg/m³。粗骨料中，小石（5～20mm）和中石（20～40mm）的干密度均为 2500kg/m³。细骨料包括粗砂（0.8～4.75mm）、中砂（0.16～0.2mm）以及黏土砂粒（0.02～2mm），粗砂和中砂的体积比为 0.5，砂的干密度为 2600kg/m³。

黏土混凝土配合比　　　　　　　　　　　　　　　　　　　表 6.3.1

水灰比	密度 (kg/m³)	混凝土材料用量 （kg/m³）					
		水泥	黏土	水	砂	小石	中石
0.85	2210	162	108	230	821	533	356

2. 试件制备

按照表 6.3.1 中配合比制备 15 个尺寸为 100mm×100mm×400mm 的黏土混凝土梁试件，以 3 个试件为一组，分别进行破坏试验。其中第 1 组试件直接用于弯折静力加载破坏试验，第 2～5 组试件先进行一段时间的浸泡溶蚀，再进行弯折静力加载破坏试验。考虑到自然环境下混凝土的溶蚀是一个极其缓慢的过程，为了在较短的时间内获得一定的溶蚀深度，将浓度为 6mol/L 的 NH_4NO_3 溶液作为溶蚀介质，加速试件的溶蚀过程。

模拟结构断裂破坏过程时选用二维含内聚力网格模型。因此，在制备溶蚀黏土混凝土梁试件时，应使试件沿深度方向保持相同的溶蚀深度，以利于计算结果与试验结果的对比分析。因此，在进行浸泡溶蚀前，对试件两端及上下四个面采用防水胶密封，如图 6.3.1 所示。将密封的试件底部用两个支撑块垫起，放入水箱中，之后在水箱中加入 6mol/L 的 NH_4NO_3 溶液，

图 6.3.1　试件的防水处理

使试件完全浸没于侵蚀溶液中，如图 6.3.2 所示。为保持较快的溶蚀速度，每隔 8h 搅动一次溶液，并且分别在 10d、25d 和 45d 时更换一次溶液。2～5 组溶蚀试件分别在溶蚀10d、25d、45d、75d 后取出备用。

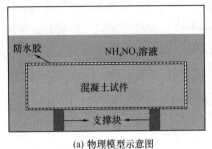

(a) 物理模型示意图   (b) 物理模型试验

图 6.3.2　混凝土加速溶蚀试验装置

3. 试验方法与试验结果

所有试件制备完成后，开始混凝土梁的弯折试验。试验时，在试件底部跨中两侧各150mm 处施加竖向支撑，在顶部中间位置施加竖向压力，并通过下压头传递至试件跨中两侧各 50mm 位置，如图 6.3.3 所示。试验采用控制顶部加载点位移速率为 0.01mm/min 的加载方式进行，弯折装置如图 6.3.4 所示。试验机在试验过程中会同步地记录下荷载 P 与加载点位移 d，试件在弯折过程中以及最终破坏时的裂缝形态如图 6.3.5 所示，各组试件荷载 P 与加载点位移 d 间的均值关系曲线如图 6.3.6 所示。

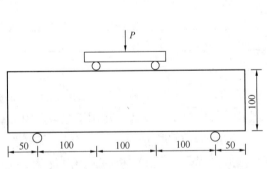

图 6.3.3　黏土混凝土梁试件弯折静力加载示意图　　　图 6.3.4　弯折装置

对不同溶蚀天数的混凝土试件进行弯折破坏后，清理掉被折断溶蚀试件断面上残余的粉末，并喷上 1‰浓度的无色酚酞乙醇指示剂，如图 6.3.7 所示。分别测出各试件边缘到变色分界线的距离，每个面上测量 8 个点，取测值平均值为溶蚀深度 d_{leach}，溶蚀的实际深度为 $d_f = 1.17 d_{leach}$。经测量，溶蚀 10d、25d、45d、75d 后，2～5 组试件的平均溶蚀深度分别为 3.5mm、7.2mm、9.2mm、12mm。

(a) 试件底部初始开裂　　　　　　　　　(b) 试件完全破坏

图 6.3.5　试件开裂破坏实物图

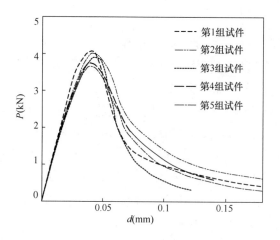

图 6.3.6　各组试件加载点荷载 P
与加载点位移 d 关系曲线

图 6.3.7　酚酞指示剂测量溶蚀程度实物图

6.3.2　溶蚀侵害下水工混凝土试件破坏过程多尺度递进模拟分析

1. 水工混凝土溶蚀过程的模拟计算

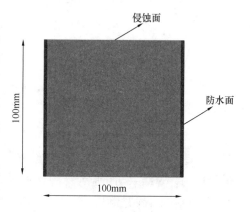

图 6.3.8　溶蚀试件横断面

选取如图 6.3.8 所示的横断面来模拟计算试验中试件的溶蚀过程。浸泡溶蚀是一种静态的溶蚀过程，对其模拟时可仅考虑钙离子的扩散运动。计算模型中，截面内的初始钙离子浓度为 C_{satu}（22.1mol/m³），截面左右侧为不透水面，采用零通量边界表征，上下侧为侵蚀面，采用浓度边界表征，边界浓度设为 0。根据试验采用的混凝土配合比（表 6.3.1）以及混凝土微细观表征体元中各物相含量的计算结果，可计算获得溶蚀数值模型所需的初始参数值：

试件初始 CH 含量为 2148mol/m³；C-S-H 含量为 3660mol/m³；初始孔隙率 φ_0 为 0.08；

试件孔隙液饱和钙离子浓度为 22.1mol/m^3；钙离子扩散系数 D_{ion} 为 $5.07\times10^{-10}\text{m}^2/\text{s}$；曲折度 τ 为 3.2；阻塞率 δ 为 0.8；C-S-H 凝胶迅速转化为 SiO_2 时孔隙溶液中钙离子的浓度 x_1 为 2mol/m^3；固相 CH 完全溶解时孔隙溶液中的钙离子浓度 x_2 为 19.1mol/m^3。

需要注意的是，多场耦合模型是基于中性水溶液钙离子固-液平衡曲线建立的，而加速溶蚀试验中的 NH_4NO_3 溶液会增加液相钙离子的浓度梯度，增大钙离子在溶液中扩散的动力，为准确描述试件在 NH_4NO_3 溶液中的溶蚀规律，需对固液平衡曲线进行调整。这里参考 Larrard 等的研究，在原钙离子扩散系数 D_{ion} 的基础上乘以加速因子 F，以模拟酸性溶液的加速作用，F 的值可根据实际试验结果获取。此时钙离子扩散系数 D_{ion} 应替换为 D_{acid}，其表达式为：

$$D_{\text{acid}} = FD_{\text{ion}} \tag{6.3.1}$$

经计算，当加速因子 F 取为 175 时，数值计算结果与实测结果基本相同。确定上述计算参数、初始及边界条件后，进行瞬态溶蚀计算，计算溶蚀总时间为 75d。计算得到的试件加速溶蚀 75d 时孔隙液中钙离子浓度 C_{ion} 的分布情况如图 6.3.9 所示。

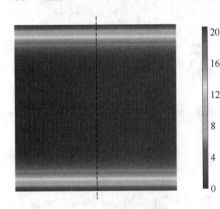

图 6.3.9　加速溶蚀 75d 钙离子
浓度分布（mol/m^3）

从图 6.3.9 中可以看出，试件孔隙液中钙离子浓度 C_{ion} 在 $0\sim22.1\text{mol/m}^3$ 之间变化，且 C_{ion} 自侵蚀面向试件内部逐渐增大。图中两条白色的直线代表钙离子浓度 C_{ion} 的阈值 x_2（19.1mol/m^3），对应固液平衡曲线中 CH 完全溶解的临界状态，而溶蚀深度则定义为侵蚀面至钙离子浓度阈值 x_2 位置的垂直距离。为了更直观地反映试件的溶蚀深度，这里沿图 6.3.9 中的虚线截取自侵蚀面垂直向内的钙离子浓度 C_{ion} 一维分布图，如图 6.3.10 所示。图 6.3.10 中钙离子浓度曲线与钙离子浓度阈值 x_2（图中水平虚线）的交点所对应的横坐标值代表试件的溶蚀深度，图中 10d、25d、45d、75d 的溶蚀深度分别为 4.5mm、7.2mm、9.7mm、12.4mm。溶蚀试验的结果显示，在加速溶蚀的第 10d、25d、45d、75d，试件的溶蚀深度分别为 3.5mm、7.2mm、9.2mm、12mm，试验与计算结果较为接近。

溶蚀深度随时间的变化规律如图 6.3.11 所示，可以看出计算值与试验结果基本一致，且溶蚀深度 d 与时间的平方根 $\sqrt{t}$ 呈较好的线性关系，即 $d = m\sqrt{t}$，$m=1.43$。总体来说，数值模拟的计算结果与试验结果基本吻合，说明本书给出的模型对于混凝土试件的静态溶蚀过程有较好的模拟效果，具有一定的应用价值。

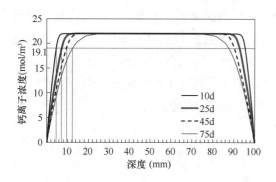

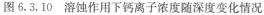

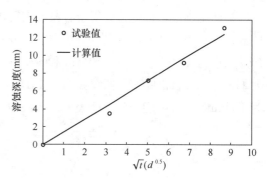

图 6.3.10　溶蚀作用下钙离子浓度随深度变化情况　　　　图 6.3.11　溶蚀深度随时间的变化

2. 黏土混凝土力学性能多尺度递进计算分析

基于试验中选用的混凝土材料配合比，采用第 2 章中给出的多尺度模型重构方法，构建未溶蚀黏土混凝土材料微观、细观和宏观尺度的表征体元模型。其中，微观尺度表征体元的划分范围为 100μm，单个实体单元的尺寸为 2μm；细观尺度表征体元的划分范围为 10mm，单个实体单元的尺寸为 0.2mm；宏观尺度表征体元的划分范围为 100mm，单个实体单元的尺寸为 2mm。黏土混凝土试件溶蚀深度范围内的材料可简化为 CH 完全溶出状态下的混凝土。溶蚀前后的微观尺度表征体元如图 6.3.12 所示。溶蚀混凝土细观和宏观尺度的表征体元与未溶蚀混凝土相同，见图 6.3.13 和图 6.3.14。

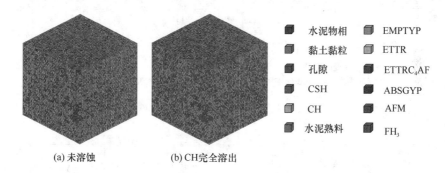

图 6.3.12　溶蚀前后的微观尺度表征体元

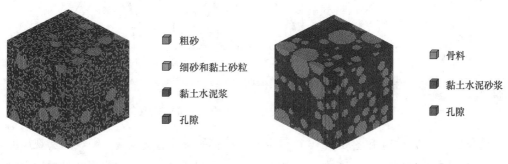

图 6.3.13　水工混凝土细观尺度　　　　　图 6.3.14　水工混凝土宏观尺度表
　　　　表征体元有限元网格　　　　　　　　　　征体元有限元网格

在此基础上，进行该混凝土各尺度表征体元单元节点的拆分和重组，完成内聚力单元的嵌入。采用断裂损伤多尺度分析方法，分别在微观、细观和宏观尺度表征体元轴向两侧施加大小为 $4×10^{-9}$m、$9×10^{-7}$m 和 $5×10^{-5}$m 的位移边界条件，计算获得各尺度表征体元 Helmholtz 自由能密度曲线如图 6.3.15 所示，其中 $\bar{\psi}$ 为均匀化的 Helmholtz 自由能，ψ 为 Helmholtz 自由能。各尺度表征体元平均应力-应变关系曲线如图 6.3.16 所示。

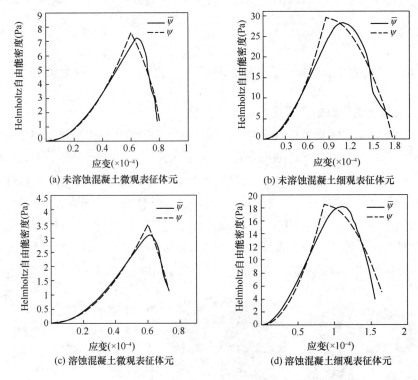

图 6.3.15　各尺度表征体元 Helmholtz 自由能密度拟合结果

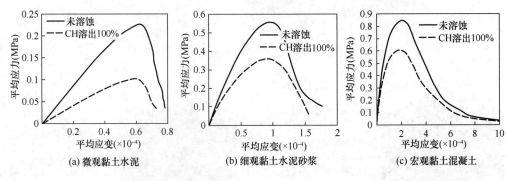

图 6.3.16　各尺度表征体元平均应力-应变曲线

综合分析图 6.3.15 和图 6.3.16 可以发现，材料的溶蚀对其微观、细观和宏观尺度表征体元拉伸破坏过程的影响规律相似，均会造成材料 Helmholtz 自由能密度、弹性模量以及抗拉强度的降低，但各尺度所受的影响程度有所不同：随着材料从未溶蚀状态发展到

CH 完全溶出状态，微观尺度表征体元的弹性模量由 3.21GPa 降至 1.81GPa，抗拉强度由 0.23GPa 降至 0.1GPa，下降幅度分别为 43.3% 和 56.5%；细观尺度表征体元的弹性模量由 10.08GPa 降至 7.85GPa，抗拉强度由 0.56GPa 降至 0.33GPa，下降幅度分别为 18.8% 和 42.9%；宏观尺度表征体元的弹性模量由 12.53GPa 降至 10.42GPa，抗拉强度由 0.84GPa 降至 0.61GPa，下降幅度分别为 16.8% 和 27.4%。

6.4　算例 2——某实际工程混凝土溶蚀病害及其影响计算与分析

仍以混凝土各尺度重构土坝为例，对该土坝防渗墙水工混凝土渗透系数进行多尺度递进计算，分析溶蚀对材料渗透系数的影响。

为了解材料微观孔隙结构随溶蚀过程的变化规律，首先重构不同溶蚀程度下防渗墙混凝土的微观表征体元模型，表征体元尺寸为 $100\mu m$，其中的单元尺寸为 $2\mu m$，如图 6.4.1 所示。

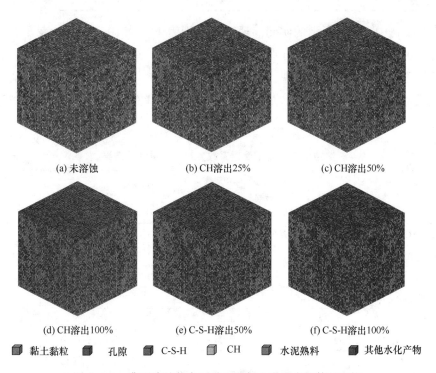

(a) 未溶蚀　　　　　(b) CH溶出25%　　　　　(c) CH溶出50%

(d) CH溶出100%　　　　(e) C-S-H溶出50%　　　　(f) C-S-H溶出100%

▨ 黏土黏粒　　▨ 孔隙　　▨ C-S-H　　▨ CH　　▨ 水泥熟料　　▨ 其他水化产物

图 6.4.1　典型溶蚀状态下黏土混凝土微观表征体元重构

基于重构获得的微观表征体元，统计水工混凝土微观尺度的结构信息，包括微观毛细孔隙率 φ_{micro}、C-S-H 体积分数 ϕ_{CSH}、多孔水泥浆高渗透相体积分数 ϕ_{cleemh}、多孔水泥浆内毛细孔隙体积分数 ϕ_{cemh} 以及固相比表面积 S_a，统计结果见表 6.4.1。此外，水工混凝土细观和宏观孔隙率分别为 6% 和 8%。结合施工配合比，可计算获得水工混凝土细观和宏观尺度的结构信息，结果见表6.4.2。

溶蚀防渗墙混凝土微观表征体元结构信息 表6.4.1

材料种类	溶蚀程度	φ_{micro}	ϕ_{CSH}	φ_{clcemh}	ϕ_{cemh}	S_a（m^{-1}）
黏土混凝土	未溶蚀	0.12	0.50	0.68	0.18	4.33×10^5
	CH溶出25%	0.15	0.52	0.68	0.22	4.97×10^5
	CH溶出50%	0.17	0.55	0.68	0.26	5.56×10^5
	CH溶出100%	0.23	0.69	0.68	0.33	6.63×10^5
	C-S-H溶出50%	0.37	0.44	0.68	0.54	8.87×10^5
	C-S-H溶出100%	0.50	0	0.68	0.74	10.74×10^5

防渗墙混凝土细观和宏观结构信息 表6.4.2

材料种类	φ_{meso}	ϕ_{clmorh}	ϕ_{morh}	φ_{macro}	$\phi_{clconch}$	ϕ_{conch}
黏土混凝土	0.06	0.36	0.17	0.08	0.60	0.13

该工程实例中水工混凝土的实测渗透系数分别为1.05×10^{-9}cm/s，表6.4.3中递进计算获得的水工混凝土渗透系数分别为4.7×10^{-10}cm/s。对比表6.4.3中微观、细观和宏观尺度的渗透系数可以发现，细观、宏观渗透系数计算值与微观渗透系数计算值基本处于一个数量级，可见微观尺度黏土水泥浆的渗透性对防渗墙混凝土材料细观、宏观的渗透性起主导控制作用。

溶蚀水工混凝土渗透系数多尺度递进计算结果 表6.4.3

尺度	溶蚀程度	孔隙率	相对低渗透相渗透率（m^2）	相对高渗透相渗透率（m^2）	高渗透相渗透率（m^2）	整体渗透率（m^2）	整体渗透系数（cm/s）
微观尺度	未溶蚀	0.12	1.07×10^{-23}	9.98×10^{-15}	3.00×10^{-20}	1.14×10^{-20}	1.12×10^{-11}
	CH溶出25%	0.15	1.24×10^{-23}	1.35×10^{-14}	2.80×10^{-17}	1.06×10^{-17}	1.04×10^{-10}
	CH溶出50%	0.17	1.44×10^{-23}	4.22×10^{-14}	3.65×10^{-16}	1.39×10^{-16}	1.36×10^{-7}
	CH溶出100%	0.23	2.70×10^{-23}	8.21×10^{-14}	2.90×10^{-15}	1.10×10^{-15}	1.08×10^{-6}
	C-S-H溶出50%	0.37	7.37×10^{-24}	3.95×10^{-13}	7.50×10^{-14}	2.85×10^{-14}	2.79×10^{-5}
	C-S-H溶出100%	0.50	0	2.25×10^{-12}	1.05×10^{-12}	3.98×10^{-13}	3.90×10^{-4}
细观尺度	未溶蚀	0.06	1.14×10^{-20}	3.30×10^{-9}	2.22×10^{-18}	1.17×10^{-19}	1.14×10^{-10}
	CH溶出25%	0.06	1.06×10^{-17}	3.30×10^{-9}	1.91×10^{-15}	9.98×10^{-17}	9.77×10^{-8}
	CH溶出50%	0.06	1.39×10^{-16}	3.30×10^{-9}	2.06×10^{-14}	1.08×10^{-15}	1.06×10^{-6}
	CH溶出100%	0.06	1.10×10^{-15}	3.30×10^{-9}	1.18×10^{-13}	6.18×10^{-15}	6.05×10^{-6}
	C-S-H溶出50%	0.06	2.85×10^{-14}	3.30×10^{-9}	1.27×10^{-12}	6.63×10^{-14}	6.49×10^{-5}
	C-S-H溶出100%	0.06	3.98×10^{-13}	3.30×10^{-9}	6.90×10^{-12}	3.62×10^{-13}	3.54×10^{-4}

尺度	溶蚀程度	孔隙率	相对低渗透相渗透率（m^2）	相对高渗透相渗透率（m^2）	高渗透相渗透率（m^2）	整体渗透率（m^2）	整体渗透系数（cm/s）
宏观尺度	未溶蚀	0.05	1.17×10^{-19}	3.30×10^{-7}	1.79×10^{-18}	4.80×10^{-19}	4.70×10^{-10}
	CH溶出25%	0.05	9.98×10^{-17}	3.30×10^{-7}	1.53×10^{-15}	4.11×10^{-16}	4.02×10^{-7}
	CH溶出50%	0.05	1.08×10^{-15}	3.30×10^{-7}	1.65×10^{-14}	4.42×10^{-15}	4.32×10^{-6}
	CH溶出100%	0.05	6.18×10^{-15}	3.30×10^{-7}	9.36×10^{-13}	2.51×10^{-14}	2.46×10^{-5}
	C-S-H溶出50%	0.05	6.63×10^{-14}	3.30×10^{-7}	9.73×10^{-12}	2.61×10^{-13}	2.55×10^{-4}
	C-S-H溶出100%	0.05	3.62×10^{-13}	3.30×10^{-7}	5.01×10^{-12}	1.34×10^{-12}	1.31×10^{-3}

6.5　算例3——水工混凝土渗透溶蚀过程算例验证1

选取坝体上游60m至下游50m的区域为研究对象，整个计算区域包括坝体以及150m×35m的矩形坝基区域。采用有限元剖分对该区域进行离散，将防渗墙及其周边区域剖分成较小的网格单元，其余部分则剖分成较大的网格单元，以兼顾计算精度和计算效率，模型离散共使用6501个三角形单元，结果如图6.5.1所示。初始状态下，溶蚀模型的计算参数见表6.5.1。

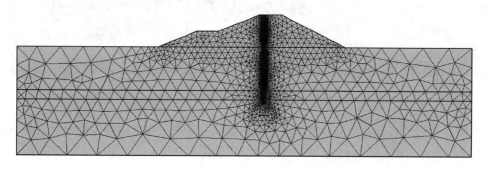

图6.5.1　模型计算区域有限元剖分图

溶蚀模型计算参数　　　　　　　　　　　　　　表6.5.1

计算区域	CH浓度（mol/m^3）	C-S-H浓度（mol/m^3）	C_{satu}（mol/m^3）	D_{ion}（m^2/s）	δ_0	τ_0	φ_0	渗透系数（cm/s）
防渗墙	3379	5561	22.1	5.07×10^{-10}	0.008	3.80	0.112	4.7×10^{-10}
坝体填土	—	—	—	5.07×10^{-10}	0.8	2.15	0.28	5×10^{-5}
砂质粉土层	—	—	—	5.07×10^{-10}	0.8	1.16	0.43	3×10^{-3}
风化玄武岩	—	—	—	5.07×10^{-10}	0.8	1.12	0.45	4×10^{-4}
玄武岩	—	—	—	5.07×10^{-10}	0.8	3.35	0.17	4.2×10^{-5}

这里首先基于渗透系数多尺度递进计算的结果，采用多项式拟合渗透系数对数值 $\lg k$ 与黏土混凝土微观毛细孔隙率 φ_{micro} 的关系，拟合公式如下：

$$lgk = 11080.8\varphi_{\text{micro}}^5 - 19012.9\varphi_{\text{micro}}^4 + 12699.4\varphi_{\text{micro}}^3 - 4127.5\varphi_{\text{micro}}^2 + 660\varphi_{\text{micro}} - 36.5$$

$$(6.5.1)$$

该拟合公式的复相关系数为 0.9898，拟合效果较好。随即可获得溶蚀黏土混凝土防渗墙渗透系数对数值 $\lg k$ 与固相钙含量 C_s 的关系：

$$\lg k = 11080.8\left[\varphi_{\text{micro},0} + \frac{M_{\text{CH}}}{\rho_{\text{CH}}\phi_{\text{clcem}}}(C_{s0}-C_s)\right]^5 - 19012.9\left[\varphi_{\text{micro},0} + \frac{M_{\text{CH}}}{\rho_{\text{CH}}\phi_{\text{clcem}}}(C_{s0}-C_s)\right]^4$$

$$+ 12699.4\left[\varphi_{\text{micro},0} + \frac{M_{\text{CH}}}{\rho_{\text{CH}}\phi_{\text{clcem}}}(C_{s0}-C_s)\right]^3 - 4127.5\left[\varphi_{\text{micro},0} + \frac{M_{\text{CH}}}{\rho_{\text{CH}}\phi_{\text{clcem}}}(C_{s0}-C_s)\right]^2$$

$$+ 660\left[\varphi_{\text{micro},0} + \frac{M_{\text{CH}}}{\rho_{\text{CH}}\phi_{\text{clcem}}}(C_{s0}-C_s)\right] - 36.5$$

$$(6.5.2)$$

在此之后，确定初始渗透系数值为 $4.7\times10^{-10}\,\text{cm/s}$，并以上游正常蓄水位 958.00m 和下游水位 951.00m 为水头边界条件，计算初始状态下整个区域内的压力水头及渗流速度分布情况，结果如图 6.5.2 所示。

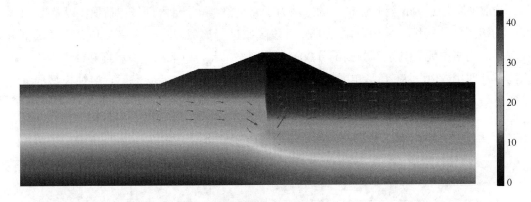

图 6.5.2　初始压力水头及渗流速度分布图（m）

在前述计算的基础上，遵照防渗墙溶蚀多场耦合计算流程，以墙体内饱和钙离子浓度 C_{satu} 为初始条件，将计算步长 Δt 设为 10d，基于渗流场计算结果进行计算区域内钙离子迁移模型的计算，确定 10d 后模型中的钙离子浓度分布情况，在此基础上进行混凝土侵蚀计算，确定墙体固相钙损失量及溶出速度，更新该时刻的墙体孔隙分布情况及墙体渗透系数，进而计算获得该时刻模型渗流场的计算结果。重复上述计算流程，直至达到指定溶蚀时间，具体计算结果分析如下。

图 6.5.3 为不同时段钙离子浓度的分布图，图中红色箭头代表溶液的渗流流速，箭头的长短表征流速的快慢。可以看出：

（1）在离子扩散和渗流运移的共同作用下，大坝系统中的钙离子主要分布于防渗墙内部溶液及防渗墙下游侧由墙体底部向下游指向尾水约 45°的范围内，而防渗墙的上游侧则基本没有溶出钙离子的存在。

（2）墙体底部附近的渗流速度明显大于其他区域，这使该区域孔隙液中的钙离子更易流失，相应的该区域墙体将溶出更多的固相钙以达到钙离子浓度平衡。

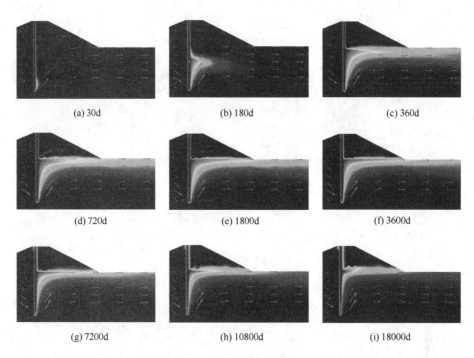

(a) 30d　　　　　　　(b) 180d　　　　　　　(c) 360d

(d) 720d　　　　　　　(e) 1800d　　　　　　　(f) 3600d

(g) 7200d　　　　　　　(h) 10800d　　　　　　　(i) 18000d

图 6.5.3　不同时段计算区域钙离子浓度分布图（mol/m³）

（3）墙体上游侧附近的钙离子在渗流的作用下被带往下游侧，使得下游侧墙体表面的钙离子分布更加集中，降低了墙体下游侧溶液中钙离子的浓度梯度，进而减缓了墙体下游侧固相钙的溶出。

为了更好地分析防渗墙体及其周围钙离子浓度分布的动态变化规律，分别统计不同时段内－14m、－8m 和－0.5m 高程处的钙离子浓度沿顺河方向的分布情况，如图 6.5.4 所示。从图 6.5.4 中可以看出，空间上越接近墙体，钙离子浓度越高，同时在不同的溶蚀阶段钙离子的浓度分布还会表现出不同的变化规律：

（1）30～1800d，坝基渗流携带墙体溶出的钙离子在墙体下游侧运动，该过程中钙离子浓度呈峰状分布，浓度峰自墙体底部逐渐向上迁移，先后经过－14m（30d）、－8m（180d）和－0.5m（720d）高程直至坝基面位置（1800d），浓度峰的分布范围也随之逐渐增大。

（2）1800～18000d，浓度峰发展至坝基面后，由于固相钙溶出速度的持续降低，溶液中钙离子向外迁移后得不到足够的补给，区域内该离子浓度整体呈减小趋势，浓度峰的分布范围也随之逐渐减小。

图 6.5.5 为不同时段防渗墙体中固相钙浓度的分布图。为了便于观察墙体的溶蚀深度，图中将防渗墙 x 轴与 y 轴的尺寸比例调整为 3∶1。从图中可以看出，随着溶蚀时间的增长，墙体的溶蚀范围缓慢扩大，但墙体不同部位的溶蚀强度却不尽相同。溶蚀初期，墙体底部两侧墙角首先出现溶蚀损伤，之后随着溶蚀时间的推移，溶蚀范围逐渐由底部墙角位置向墙体内部以及上部发展。总体来说，墙体底部的溶蚀强度要高于其上部，墙体上

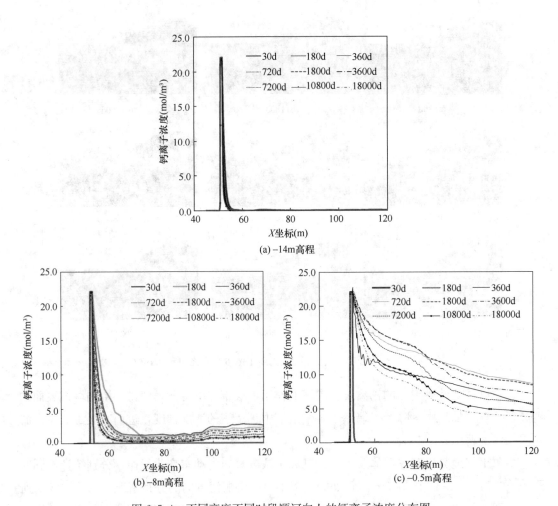

图 6.5.4　不同高度不同时段顺河向上的钙离子浓度分布图

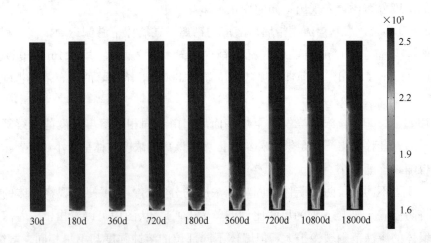

图 6.5.5　不同时段防渗墙体固相钙浓度分布图（mol/m³）

游侧溶蚀强度要高于其下游侧。这是墙体周围非均匀分布的渗流速度和溶液钙离子浓度共同作用的结果。

　　不同时段墙体固相钙的溶出量，可通过统计墙体各单元节点上的固相钙浓度获得，计算结果如图 6.5.6（a）所示。可以看出，固相钙溶出量随时间持续增加，但钙离子溶出速度在整个服役期内呈持续减小的趋势。固相钙溶出量与时间平方根 $\sqrt{t}$ 的关系可采用线性函数拟合，如图 6.5.6（b）所示，拟合函数为 $\Delta C_s = 32.474\sqrt{t}$。

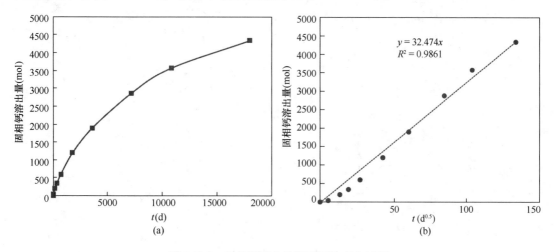

图 6.5.6　固相钙溶出量随时间的变化过程